智能交互设计与数字媒体类专业丛书

国家新闻出版改革发展项目库入库项目

场景体验设计思维(应用篇)

孙　炜　由振伟　卜瑶华　刘　键 著

 北京邮电大学出版社
www.buptpress.com

内容简介

本书意在塑造设计师的思维与意识，提升设计师的创新应用能力。本书从思维模式和设计意识的视角对设计创新进行了重新梳理，指出设计问题具有结构不良的特性，设计师不应该仅仅依靠逻辑推理来解决问题，而应该从创新的底层理论"创造与评价相分离"出发，进行大量的思维发散，并在发散的基础上创新性地构建问题的结构，从而对问题有新的理解，最终实现创新性的设计。本书还面向设计创新的实践应用，提出了设计发散、设计定义、意义提炼的 3 层设计执行框架，以帮助设计师高效地应用设计思维、将设计概念落地，有效地提升设计师的设计实践能力。

本书可作为工业设计、智能交互设计等设计专业课程的教材，也可作为员工培养创新能力的参考书。

图书在版编目（CIP）数据

场景体验设计思维. 应用篇 / 孙炜等著. -- 北京：
北京邮电大学出版社，2024. -- ISBN 978-7-5635-7279
-3

Ⅰ. TP11

中国国家版本馆 CIP 数据核字第 2024X1B332 号

策划编辑：马晓仟　　责任编辑：王小莹　　责任校对：张会良　　封面设计：七星博纳

出版发行：北京邮电大学出版社

社　　址：北京市海淀区西土城路 10 号

邮政编码：100876

发 行 部：电话：010-62282185　传真：010-62283578

E-mail：publish@bupt.edu.cn

经　　销：各地新华书店

印　　刷：保定市中画美凯印刷有限公司

开　　本：720 mm×1 000 mm　1/16

印　　张：11

字　　数：240 千字

版　　次：2024 年 7 月第 1 版

印　　次：2024 年 7 月第 1 次印刷

ISBN 978-7-5635-7279-3
定价：39.00 元

前　言

在教授设计的过程中,我时常提醒学生:设计创新并不是仅仅通过方法和流程就能实现的。它要求设计师在潜意识层面和思维模式上进行深刻的转变,这样设计师才能正确地运用各种方法来实现创新。因为我在教学实践中发现,即便不同学生使用相同的流程和方法,其得到的创新成果也大相径庭。更令人费解的是,在不同的课题中,同一个学生的创新能力似乎也会忽强忽弱。

为什么会出现这种现象?是设计流程和方法讲解不够透彻?或者是学生对这些知识的理解和掌握不够深入?或者是创新的"黑箱"在作怪?或者是其他什么不知道的原因在"作祟"?这个问题困惑了我很久,我心中隐约有了一个答案,但始终不敢确定就是这个答案,即设计创新是没有方法的!直到在一次课堂设计游戏中,我才真正确认了这个答案。这个课题设计游戏就是"30分钟画出100个小魔怪"。

"30分钟画出100个小魔怪"原本只是一个思维发散的训练,要求学生按照"创造与评价相分离"的原则进行思维发散。但在实际的训练过程中,虽然我给学生讲清楚了"创造与评价相分离"这个思维发散的方法,学生也清楚地知道了创造与评价要分离,但在行为实施层面他们依然是做不到的。因为他们还受到了潜意识的影响,即习惯了一边创造一边评价这样的思考模式。这种状况充分说明了"创造与评价相分离"不是简单的方法层面的东西,因为方法可以指引行为进行重复操作而得到相似的结果。设计思维是设计师所擅长的一种思维模式,而"创造与评价相分离"是设计思维最底层的理论基础,代表了一种不同于逻辑思维的思维模式。

现在有很多书把设计思维简单解读为一些流程和方法,这会让初学者在潜意识中认为设计创新是按照一定的方法和流程进行操作就可以实现的，而没有意识到那些方法和流程是在"创造与评价相分离"这种思维模式指导之下的方法和流程，仍然在潜意识中用习惯了的逻辑思维指导设计，这样会导致初学者思维发散得不够充分，也很难持续地进行设计创新。而更底层的一个逻辑是设计创新是典型的结构不良问题。问题的结构不良性导致人们很难基于逻辑推理解决问题。这种问题更适合使用创造与评价相分离的思维模式进行思考。除了从思维层面理解设计创新，设计师还需要建立相应的设计意识，以对抗在潜意识中已习惯了的但不利于创新的思维模式。这便是我为什么要求学生不能简单地只学习方法层面的知识，还需要从思维模式和设计意识层面理解和掌握设计创新。

所以本书的结构分为 4 个章节。

第一章讲述设计思维的底层理论，指出设计问题的结构不良特性。这导致设计问题很难像工程问题那样仅基于逻辑推理进行创新，故需要引入有利于设计创新的思维模式。设计思维强调了发散思维和评价思维在相分离基础上的不断迭代，需在思维的发散中，寻找创新的可能性。设计思维的学习包含了意识层、思维层和执行层 3 个层面的学习，这对应本书后 3 章的内容。

第二章讲述设计师需要建立的设计意识，以形成对设计思维的元认知。设计意识是指正确应用设计思维的意识，从而让设计师明白如何"做正确的事"，而不是简单地按照方法和流程"正确地做事"。设计意识对于一个设计师的成长至关重要，学习它是其成为优秀设计师的必经之路。设计意识包含了对的设计意识和好的设计意识。

第三章讲述设计师面对设计创新所使用的 9 种思维模式。创造与评价相分离是设计思维模式的底层基础，在此基础上衍生出针对发散空间和评价空间的 9 种思维模式，引导设计师建立有利于创新的思维模式。

第四章讲述设计师在执行设计实践时所使用的设计框架。这个框架不是简单的线性设计流程和设计方法，它从设计发散层、设计定义层和意义提炼层 3 个层面阐述了设计创新的执行和落地。

如果你是设计创新的初学者，建议你先从第一章和第四章看起，这样有助于建立对设计创新的感性认知；第二章和第三章有些抽象，初学者需要有一定的设计实践经验，才能更好地理解这两章的内容。但这两章对设计师的未来成长更重要,所以我将它们放在了第四章的前面。

感谢北京邮电大学的工业设计专业和智能交互设计专业提供的教学实践机会,这是本书成稿的关键。正是在与学生的教学互动中,我才有机会深入地思考设计创新的本质,并在设计教学的实践中验证和推演我的思考内容。也非常感谢工业设计专业和智能交互设计专业的同学们,他们在教学活动中的积极反馈激发了我的灵感,促进本书成稿思路的迭代和创新。最后,感谢我的家人,特别是我的妻子和女儿,她们为我腾出时间专心写作,在我面临写作困境时鼓励我。

本节中的很多内容是关于设计的感觉,很难用语言文字描述,这导致书中部分内容较为口语化,感谢读者的包容与理解。

我在本书的后记中,对于写作思路的转变过程做了说明,希望有助于读者理解本书的整体框架,也希望本书在读者成为优秀设计师的道路上有所助益。

孙　炜
2022 年 12 月

目　　录

第一章 设计思维

经历了19世纪和20世纪工业时代的批量化生产,人们不再满足于批量化生产的千篇一律。进入21世纪后,由创新驱动的个性化生产开始流行,人们对创新有了更高的期待。然而,创新中存在着诸多不可控的情况,比如思维的发散、灵感的闪现等,这带给人们内心极大的不确定感,进而导致人们怀疑自身的创造能力。

然而,有一群人,他们以创新和创造为己任,对自己的创新能力始终怀有自信。他们就是设计师这一群体,他们擅长一种思维模式,这种思维模式可以有效地帮助设计师应对创新的挑战。

第一章就是解读大多数设计师具有的创新设计思维能力。

第一节 设计思维概述

设计思维译自英文"Design Thinking"。

一、设计思维的来龙去脉

进入工业社会以后,创新模式分为以下3种。

设计思维的
来龙去脉

1. 以技术为导向的创新

企业通过新技术的研发,让自己的产品在技术上具有优势,从而获得更多的利润,这样才能投入更多的资金和人力进行新技术的再次研发。这样的正向循环会促使以技术为导向的创新持续迭代下去。

这类创新模式中的一个典型例子是蒸汽机这一革命性的技术创新,它让英国成为人类历史上第一个现代工业化国家。英国的纺织业、交通运输业的崛起都得益于蒸汽机这一新技术的持续迭代和广泛应用。

但以技术为导向的创新也是有弊端的。美国康宁公司在20世纪60年代开发出一种超硬的玻璃,其硬度可以达到普通玻璃的2到4倍。这就是我们所熟知的"大猩猩玻璃"。这项技术在当时无疑是一项非常具有突破性和领先性的技术，但当时一个非常现实的问题摆在了康宁公司的面前：哪种产品、哪个行业会需要硬度这么高的玻璃呢？直到对产品品质有着极为苛刻要求的乔布斯找到了康宁公司，这项技术才获得了新生，但此时距离这项技术被发明出来已经过了整整 45 年。

2. 以市场为导向的创新

看到了以技术为导向的创新的弊端以后，人们开始思考是不是应该先找到市场的需求，然后再进行技术的研发。这样可以避免技术开发所带来的人力和资金浪费问题，这就出现了第二种创新模式：以市场为导向的创新。

20 世纪 80 年代正值我国改革开放之初。当时人们刚刚从一个较为封闭的历史时期中走出来，急需一个了解世界的窗口。可用什么样的产品来满足这样一个需求呢？那就是电视机！这是一个巨大的市场，但当时我国没有厂家能够生产电视机。而日本那些有着多年生产电视机经验的厂商们敏锐地看到了这个市场契机。他们根据中国的电压和电视信号要求开发了符合中国市场需求的黑白电视。这便是先有市场，再进行技术开发的创新思路。

但是，以市场为导向的创新往往会带来急功近利和不可持续的短视行为。其最典型的一个例子就是我们所熟知的"双 11 购物狂欢节"（下文简称"双 11"）。这个节日的诞生本来无可厚非，因为"双 11"被中国人戏称为"光棍节"。在这样一个孤单的日子，人们通过购物来缓解一下孤单的情绪也未尝不可。但后来类似的节日开始泛滥。例如，在"双 11"后还有"双 12 购物狂欢节"。而且中国的电商又创造了"618""818"等多个购物狂欢节。在这么多节日促销广告的轰炸下，人是很难保持理性消费的。这对个人来说肯定不是好事，而且对企业来说也不是好事，毕竟每个人的消费能力都是有限的，不是节日越多人们的消费能力就越强。

3. 以用户为导向的创新

现在人们开始重新思考创新的源头是什么，即思考要用什么来指导创新。答案是用户的真正需求！但不是那种被夸大了的需求、超前的需求，而是用户实实在在的需求。

于是第三种创新模式出现了，即以用户为导向的创新。一个很经典的案例是索尼的随身听。1979 年，当时的音响系统是又大又笨重的、外放式的音响系统，人们很难把音响设备随身携带。而人们期待音乐能常伴左右。索尼在确认了这是用户真正的需求以后，通过技术创新将原来硕大的音响系统精简到一个可以随身携带的"小盒子"里，人们通过耳机便可以获得高品质音乐。这便是根据用户的需求进行的设计创新。

以用户为导向的创新实际上是综合了技术研发、商业市场和用户需求 3 个要素以后而产生的创新。其背后所对应的思维就是本书所要讲的设计思维。

前两种创新模式所对应的思维是工程思维和商业思维。这 3 种思维模式没有优劣之分，它们互不排斥，是相互补充与相互扶持的状态。

二、设计思维的 3 种定义

设计思维的定义有很多种说法,常见的有如下 3 种说法。

设计思维的定义

1. 最早的设计思维定义

对设计思维最早做出明确定义的是英国的布莱恩·劳森(Bryan Lawson)教授,他在 1980 年所写的《设计师怎样思考——解密设计》一书中,首次提出了"设计思维"这个概念。劳森教授认为:"设计思维是一个特殊和高度发展的思维形式,是一种设计者学习后能更擅长设计的技巧"[1]。在这里,他强调了设计思维是一种能让设计师更擅长设计的思维模式。

2. IDEO 给出的定义

IDEO 是全球有名的设计咨询公司,曾任其总裁的蒂姆·布朗(Tim Brown)在《哈佛商业评论》给出了设计思维的定义。他认为"设计思维是以人为本的设计精神与方法,要考虑人的需求、行为"。他强调了设计思维对人、用户的关注,这一点也可以说是设计思维不同于其他创新思维的一个独特视角。同时他也认为"设计思维还要考量科技或商业的可行性"[2],即设计思维要以用户为中心进行设计(UCD,User Centred Design),同时兼顾科技和商业的可行性。

3. 斯坦福大学的设计学院给出的定义

斯坦福大学的设计学院(D-school)把设计思维定义为一套科学的方法论:首先通过同理心(Empathize)分析找到用户的需求;其次定义(Define)出设计的方向;再次经过创新的构想(Ideate)生成设计的原型(Prototype),最后对这一设计原型进行测试(Test),以验证是否满足了最初用户的需求。

在 D-school 的网站(https://dschool. stanford. edu/resources/educators-guides-books)上还有很多关于设计思维的定义[3]。但是,至今无论是设计的实践者还是设计理论的研究者都很难给出一个公认的设计思维定义。造成这样的窘境主要是因为设计思维的应用场景是多样的,同时设计思维也处于不断地发展和变化中,不太可能也没有必要给出一个公认的设计思维定义。但这样的现状不可避免地为设计思维的学习和实践增加了难度。建议读者仔细研读一下 D-school 网站上关于设计思维的定义,它们从不同的方向对设计思维进行了解读,这有助于我们理解设计思维。

三、设计思维的解读

总结起来,可以从以下 3 个层面来解读设计思维:流程和方法层面、理念层面、思维层面。

1. 流程和方法层面的解读

(1) 设计思维是方法、流程和工具

最常见的关于设计思维的解读是从方法和流程这种工具层面开展的。毕竟设计思维是以设计实践为目标的,不纠缠于设计思维的明确定义,直接给出设计师的常用设计方法和工具,无论是对设计思维的初学者还是专业设计师都可以提供清晰、有效的指导。

美国著名的设计咨询公司 IDEO 曾经发布了一套设计方法的卡片——"IDEO Method Cards(IDEO 设计方法卡片)"(图 1.1)。这套卡片有 51 张,每一张卡片都是一个 IDEO 公司内部在设计时使用的技巧和方法,卡片正面是印刷精美的方法使用示意图,背面则是说明文字。这 51 张卡片分为 Learn、Look、Ask、Try 四大类,Learn 旨在分析所收集到的资料,Look 陈述的是各种观察的方法,Ask 旨在描述访谈询问的技巧,而 Try 则是用各种设计原型来模拟设计场景和推敲设计。

图 1.1 IDEO 设计方法卡片[4]

D-school 是从流程角度来解读设计思维的,认为其是一个创造性地解决问题的过程(包含了对问题的分析与综合、对设计方案的构思和对设计的评价等过程性环节),并给出了如下设计流程。

第一步:移情,即站在用户的角度,体验和理解用户所面临的问题。

第二步:下定义,即在了解了用户需求之后,通过写一个问题陈述(Problem Statement)来阐述对问题的洞察(POV,Point of View),即用一句很精简的话来告诉别人你这个项目想要做什么,有怎样的价值观。

第三步:设想,即通过头脑风暴等思维发散的方法想出尽可能多的解决方案,然后再聚焦到一个具体的方案上。

第四步:设计原型,即用尽可能短的时间和尽可能低的成本把设计方案的原型呈现出来,让设计师借助于这个原型做进一步的思考和发现新的问题。

第五步:测试设计原型,结合用户的使用场景和商业模式对设计原型进行测试,进而对前期的定义和设计原型进行修改和验证。

如此不断地对上述 5 个步骤进行迭代,直至找到有创意的问题解决方案。

读者如果对详细的流程感兴趣可以从 D-school 官网下载更详尽的介绍[5]。

还有两本比较常见的书是从方法/工具层面来解读设计思维的,分别是贝拉·马丁(Bella Martin)和布鲁斯·汉宁顿(Bruce Hannington)所著的《通用设计方法》和荷兰代尔夫特理工大学工业设计工程学院所著的《设计方法与策略:代尔夫特设计指南》。这两本书对于设计方法的阐述都是比较精简的,用不多的文字就讲完了一个方法,而且给出的方法数量比较多,人们可以根据不同的设计需求选用。

(2)创新真的是靠方法和流程?

看了前面这么多的设计方法和流程,你是否觉得已经摸到了设计的门道?是否认为按照方法和流程一步步操作就能得到创新的成果?人们很容易就觉得设计是一件很简单的事。毕竟有方法和流程了,用心学总能学会的。

但是,按这样的逻辑推演下去就会发现问题。众所周知,苹果公司之所以能复兴,是因为乔布斯回归以后推出了一系列极具突破性的创新产品。但是在乔布斯去世以后,大家都认为苹果的创新能力下降了。为什么会这样呢?是乔布斯的创新方法没能保留下来?还是他身边的人没能学会乔布斯的创新方法?按说不应该,苹果的现任 CEO 蒂姆·库克是何等聪明的人,要是他都学不会还有谁能学会呢?

再来看看曾经被比尔·盖茨和乔布斯都称赞过的施乐公司的帕洛阿尔托研究中心(PARC,Palo Alto Research Center),其曾经研发出鼠标、以太网和图形用户界面(GUI,Graphical User Interface)等众多的创新性产品。但是如今你还能想起什么创新性产品是与施乐公司有关的呢?还有为什么 SONY、IBM、HP 等这些曾经做出很多经典创新的公司如今也都遇到了创新的瓶颈期?

思考了这么多问题以后,你对创新的方法和流程会不会有新的认知?创新的核心真的是方法和流程吗?

2. 理念层面的解读

(1)设计理念是一种设计视角

设计理念是设计师解读设计问题的一种视角。"以用户为中心"的设计理念强调的是从用户的视角去看待问题,找到用户的需求和期待后再进行设计创新。"通用设计"和"包含设计"的理念相似,都强调要站在所有人(尤其是要包含老人和残疾人等一些弱势群体)的视角去看待问题。例如,对于 OXO 的削皮器这样的产品,不仅正常人能够使用,而且得了帕金森病而手抖的用户、患有关节炎而手指僵硬的用户以及老人和孩子等手指力量不足的用户,也能够正常使用。"绿色设计"的理念、"生态设计"的理念和"可持续设计"的理念都强调了设计不能仅仅局限在产品的视角,要把产品放在整个生态系统中,从最初的产品原材料如何生产到产品报废后各种材料如何销毁,设计师要思考如何让其不对整个人类的生态系统产生不好的影响。

这些理念为设计师提供了新的看待设计问题的视角,对具体设计工作有方向上的指导意义。设计师不能将所有的设计都锁定在某一设计理念之下,要根据设计项目的特征有意识地应用不同的设计理念。

(2) 设计理念有自己的应用场景和局限性

设计理念是有应用场景限制的,没有哪一个设计理念可以适用于所有的设计工作。比如,"通用设计"的理念在一些公共场景(如医院、机场、车站等场景)下是非常有必要的,因为公共设施是为所有人服务的,尤其是要让那些弱势群体也能够享受到公共设施的服务。但是"通用设计"的理念不能被滥用到其他的个性化设计场景中。因为"通用设计"的理念为了照顾到所有人,会按照人的最低标准去设定产品的各项性能参数,这会降低正常人在场景中的使用效率,降低设计的整体品质感。

(3) 设计理念是随时间发展的

"以用户为中心"的设计理念强调了以人为本。这在工业社会的早期是合理的,当时的工业技术太强大了,人们下意识地形成了以产品和技术为中心的理念,觉得人要去适应机器的节奏,最终导致人成了机器的奴隶。卓别林在《摩登时代》这部电影当中所饰演的那个在流水线上疯狂用扳手拧螺丝的工人,就是这种设计理念的受害者。

为了反对"机器至上"的理念,人们提出了"以用户为中心"的设计理念。但是过于强调"以用户为中心"也是有弊端的。过于以用户为中心很可能会对环境造成破坏,毕竟人类的需求是不能被无限度满足的。于是就有设计师希望在设计产品前就想到产品可能对环境产生的负面影响,这便产生了"绿色设计"的理念。

接着,人们又发现环境并不是孤立存在的:人、动物、植物、土地、空气、水等环境构成要素相互制约、相互依赖,是一个完整的生态系统。于是人们提出了"生态设计"的理念:希望设计师能够从平衡生态系统的角度来设计产品,以让产品融入整个生态系统的循环当中。

然而,"生态设计"的理念又过于强调了生态系统的平衡性,让设计师不敢打破现有的生态系统平衡以创造新的生态平衡,导致社会的发展停滞、难以持续。这时"可持续设计"的理念也就顺理成章地出现了。这在保持生态系统平衡的基础上,强调了人类社会要向前发展,并蕴含了"通过发展来解决发展当中出现的问题"的思想。

可以看出,我们对于各种设计理念的解读一定是要站在当时的历史背景下,并不存在"放之四海皆准"的设计理念。

3. 思维层面的解读

设计思维的概念最早可以追溯到诺贝尔经济学奖得主赫伯特·西蒙(Herbert A. Simon)在 1969 年出版的《人工科学》(*The Science of the Artifical*)一书。西蒙指出自然科学关心的是"事物是怎样的",而人工科学关心的是"事物可以变成怎样",也就是"事物可以被设计成怎样"。人工科学是研究如何设计和创造人工物的科学,设计的过程便是人进行智力思维的过程[6]。

西蒙教授和劳森教授都认为设计思维是设计师做设计时独有的思维模式,其与自然科学的思维模式是不同的。

所以,对于设计思维的底层认知是**设计思维是一种思维模式**。其不同于理性的逻辑思维,也不是一大堆方法和流程的堆砌,它是有利于设计创新的一种思维模式。至于这种思维方式为什么有利于设计创新?它有什么不同特点?如何应用于设计创新?本书的后面 3 章将分别进行阐述。

第二节 设计思维所面对的问题

设计思维是人们进行创新时使用的一种思维模式,下面讲解设计思维所面对的两类问题。

一、两类问题的结构

这里有两个问题,请尽你所能尝试回答,并记录你的思考过程。

问题一:

我国首次火星探测任务被命名为"天问一号"。已知火星质量约为地球质量的 10%,其半径约为地球半径的 50%,下列说法正确的是(　　　)。

A. 火星探测器的发射速度应大于地球的第二宇宙速度

B. 火星探测器的发射速度应介于地球的第一和第二宇宙速度之间

C. 火星的第一宇宙速度大于地球的第一宇宙速度

D. 火星表面的重力加速度大于地球表面的重力加速度

问题二:

如果乔布斯依然健在,最新的苹果手机会被设计成什么样子?

第一个问题是 2020 年北京高考物理的真题,也许你已经完成高考很多年了或者你是文科生,不能马上给出正确答案。但对于这道题目告诉你的信息、考察的知识点,以及解答这个问题的关键点(知道宇宙速度的定义)等,你都会有一个清晰的认知。如果给你点时间翻翻书或者让你上网查一下,你应该是可以找到正确答案(A)的。也就是说,面对这样的问题,你是有思路去解决它的。

反观第二个问题,尽管你一眼就看懂了问题,但对于这个问题到底告诉你什么了,该用怎样的知识点来解决这个问题,怎样的答案才是正确的等一系列问题,你会一头雾水，不知道该从哪里入手，甚至也不知道怎样的答案是符合要求的。

上述两个问题是两种不同类型的问题，前者称为"结构良好问题（Well-structured Problem）"，后者称为"结构不良问题（Ill-structured Problem）"。结构良好问题有明确的已知条件、未知条件和求解目标，同时有着明确的运算规则和正确的答案；结构不良问题没有明确的已知条件和求解目标，更没有明确的运算规则，关键是其答案也不是标准的，而且有多种可能性。

美国的大卫·乔纳森（David H. Jonassen）教授在分析了其所搜集的数百个问题的基础上，根据问题的结构性、复杂性和抽象性（领域独特性）程度，将上述两类问题进一步分成 11 种不同的类型：逻辑问题、计算问题、文字问题、规则运用问题、决策问题、故障排除问题、诊断问题、谋略问题、个案问题、设计问题、两难问题（图 1.2）。其中只有逻辑问题是典型的结构良好问题，其余问题都或多或少存在结构不良状况。并且这 11 类不同的问题是一个连续的变化体，它们从结构良好逐渐地变化为结构不良[7]。设计问题非常靠近结构不良的状态。

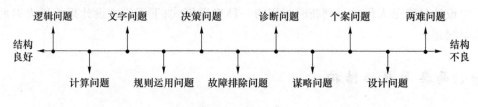

图 1.2　11 种问题

二、两类问题的价值

对于上述两类问题，你更乐于回答哪类问题？

估计大多数人都会选择结构良好问题。因为在小学到高中这十几年的教育中，我们面对的问题几乎都是结构良好问题，并且我们会下意识地认为所有问题都应该是结构良好的。而结构不良问题会让我们感觉到茫然不知所措，我们会下意识地选择回避这样的问题。

但请你思考一下，在真实的社会活动当中哪类问题更多呢？哪类问题更有价值呢？

显然，大多数问题都是结构不良问题。结构良好问题是限定在具体的应用场景之内的，有着被限定的应用价值；而结构不良问题因为结构是开放的、不完整的，所以往往具有更广泛的存在基础和应用价值。

在设计的场景下，那些具有突破性创新的设计几乎都突破了原有的问题结构，在问题结构还不是很清晰的情况下，找到了新的结果：

- iPhone 跳出了功能机的问题结构而寻求到了新的可能；
- 共享单车跳出了个人交通工具的问题结构而找到了新的发展机会；

- 移动支付完全没有理会信用卡的支付场景;
- 人工智能的神经网络算法跳出了逻辑推理的算法结构,而找到了分布式存储和并行协同处理的算法模式。

如果这些创新被限定在一个结构良好问题模式的框架下,那么最终得到的结果都只能是原有问题的一个更好的解决方案,不会有突破性创新。事实上,越是结构不良问题越有可能带给人类和社会更多的创新机会和更高的价值。

三、结构不良问题的解决思路

如何解决结构不良问题?

大多数人的第一反应是把结构不良问题转变成结构良好问题。这的确是一个解决问题的思路,但在实际执行中很难带来创新性解决方案。

设想一下这个问题:如何解决大城市的交通拥堵问题?

大多数人的思路可能是拓宽道路、限制车流量(限行限号)、提高公共交通工具的使用率、错峰上下班、设计公交专用道、重新规划城市道路等。这些措施都能在一定程度上解决交通拥堵问题,但基本上都是治标不治本,很难从根本上解决问题。

如果我们换一个思路来想一想,在新冠疫情期间,人们都居家办公,自然不存在交通拥堵的问题。这里的思路并不是期待新冠疫情再次肆虐,而是设想如何能够更好地支持人们居家办公,也许 6G 高速网络是解决交通拥堵问题的关键。

对比一下前后两个思路:前者是在交通拥堵问题的结构框架内进行思考;后者则是跳出了原有问题的框架,构建出了以 6G 高速网络为核心的新问题结构。也就是说,创新性解决方案往往打破了原有的问题结构,重新构建了新的问题架构,这样也就不存在结构不良问题向结构良好问题转化的情形。

所以,结构不良问题的解决重点是重新建构问题的结构,而不仅仅是在原有的问题结构上修修补补。为了实现问题结构的重建,设计师应使用设计思维来帮助自己进行设计创新的思考。

第三节 设计思维的整体框架

因结构不良问题无法像结构良好问题那样"基于已知条件,推演未知答案",逻辑推理思维便失去了应用的前提条件。此时,设计师的思维是先应用发散思维去探索问题的空间结构,即提出多种不同的解决方案;然后再对这些新的可能性进行评价,进而构建出新的问题结构。所以,设计师的思维模式不断地在发散空间与评价空间中进行切换,进而迭代出新的问题结构。

一、发散空间

发散空间要求设计师快速地发散出大量的想法，不要对想法进行评价。这里包含了3个关键点。

1. 快速地

强调要在短时间内发散出大量的想法，这样才能将思维模式固定为发散思维模式。长时间的思考会让人的思维模式下意识地转换为逻辑推理的模式，这就进入评价空间了。

2. 大量的

什么是大量的想法？不是20个、50个想法，而是至少100个想法。否则，思维不够发散，对问题空间的探索也不够充分，甚至难以产生对问题有深度的理解。

3. 不评价

这里不要思考发散的结果是好还是坏，是对还是错。

二、评价空间

评价空间要求设计师对发散空间所产生的各种想法进行评价，进而构建出一个新的评价体系。这个新的评价体系对后续进一步的设计发散和设计评价有直接的影响。这里包含了5个关键点。

1. 动态成长性

指代新的评价体系对设计方案的各种评价指标不是一成不变的，随着设计方案的不断变化，评价指标也是在不断地发展和变化的。这也决定了很难在设计方案提出之前，就提出有决定性的评价指标。

2. 评价指标的发散

选择怎样的评价指标进行评价不是单纯地依靠逻辑思维就能够推理出来的，很多时候需要设计师运用发散思维去寻找新的评价视角和评价维度。

3. 分层的

评价空间是一个体系，针对不同的设计阶段和不同的产品层面会产生出不同的评价体系。

4. 有权重的

评价指标是有权重的，设计师要大胆地给出评价指标的权重，同时也要保证评价指标权重的开放性和成长性。

5. 分层和权重是元评价的手段

设计师一直在不断地对评价体系进行评价,这有一些"元评价(对自身评价行为的评价)"的意味。分层和权重即元评价的手段。

例如,人们一开始认为决定用户是否购买可乐的因素是可乐是否有新口味,但当可口可乐停止生产经典口味的可乐时,人们才意识到传承经典口味的可乐比生产新口味的可乐更重要,也更有价值。

再例如,在功能机盛行的年代,人们对于手机好坏的评价标准主要是信号是否足够好,手机是否耐摔,待机时间是否足够长,……而当苹果发布了第一代的 iPhone 智能手机以后,前面那些标准通通不再重要,反倒是手机能否连接互联网,连接的网速是否足够快,手机是否可以安装不同的 App 等评价标准成为人们判断手机好坏的主要标准。

三、分离与迭代

创造运用的是发散思维,评价运用的是逻辑思维。人无法同时应用两种思维进行思考,且两种思维之间也是相互干扰的,尤其是过多地进行逻辑思维的思考会抑制思维的发散。

所以,设计思维非常强调发散与评价两个空间的分离,以保证思维发散的充分性。因为思维发散的广度对于创新成果的质量有着最为直接的影响。这也是所有创新思维的理论基础:发散与评价相分离!

发散与评价的先后顺序无所谓,但两者一定要分离,且相互迭代。

建议先从发散开始,这样可以避免一些先入为主的评价指标对发散的影响。

四、发散空间与评价空间的价值

发散空间是设计创新的基础,若发散出的想法数量不够,则创新成功的概率不高,创新的持续性也不好。发散出大量的想法对设计初学者尤为重要,其要想提高专业能力,就必须做到这一点。

评价空间决定创新的质量,提出好的创新衡量标准后创新至少成功了一半。评价空间决定一个设计师创新能力的天花板,其需要设计师进行长时间的积累和有深度的思考。评价空间体现了一个设计师的核心能力——洞察力(提出新的逻辑或新的视角)。

设计师的核心能力＝发散能力＋评价能力。

第四节　设计思维的学习框架

一、陈述性知识和程序性知识

1976 年，著名的信息加工心理学家约翰·安德森（John R. Anderson）把知识分为两类：陈述性知识和程序性知识[8]。

设计思维的学习框架

陈述性知识通常可以被描述为"是什么（What）"的结构句型，是能够陈述清楚的知识，比如在中小学所学到的概念、定理等。只要老师给你讲清楚了这些知识，你也理解和记住了，那么你也就基本上掌握这些知识了。

程序性知识可以被描述为"如何做（How To）"的结构句型。例如，"如何开车"和"如何做某事情"就属于程序性知识。程序性知识的特征完全不同于陈述性知识，虽然老师给你讲清楚了这种知识，你也记住了，但是你却可能依然没有掌握这种知识。比如，即便有人给你讲清楚了自行车的各种结构，怎样上车、骑行、刹车、下车等，但不给你一辆自行车进行练习，你还是学不会骑自行车的。所以，程序性知识就是你看起来似乎都知道了的，但是你依然实践不好的、需要你在进行额外的练习和体验以后才能够掌握的知识。

设计思维的学习主要是程序性知识的学习，人们靠记住一些设计知识、设计理念和设计方法是不可能掌握它的。**其需要设计师进行大量的设计实践和有深度的思考。**

二、教育目标分类学

1956 年，美国当代著名的教育家和心理学家本杰明·布卢姆（Benjamin S. Bloom）发表了著作《教育目标分类学》。这被认为是教育学史上具有划时代意义的事件。其对教育目标的设定和教学计划的实施具有非常好的指导意义。此后，学者罗伯特·马扎诺（Robert J. Marzano）和罗伯特·米尔斯·加涅（Robert Mills Gagne）都对教育目标分类开展了深入的研究。2001 年，在这些前人研究的基础上并结合我国的实际情况，教育部提出了《基础教育课程改革纲要（试行）》，提出了三维教学目标："知识与技能""过程与方法"与"情感、态度与价值观"。其中"过程与方法"作为连接"知识与技能""情感、态度与价值观"的桥梁。最终教育目标分类的维度可以简单分为知识维度、技能维度以及情感、态度与价值观维度。

三、设计思维的学习层级

将教育目标分类学转换到设计思维的场景下,设计思维的学习分为 4 个层级——设计知识、设计技能、设计思维模式和设计意识,如图 1.3 所示。

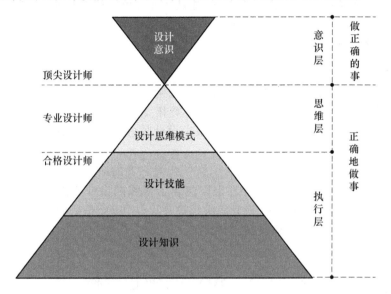

图 1.3 设计思维的学习层级

1. 设计知识

知识是对外部世界(包括自然和社会)所感知到的信息和规律的总结。人们对知识的学习主要靠记忆和理解。

设计知识的涉及面是非常广的,它涉及多门学科:设计学、美学、心理学、机械学、计算机科学、社会学等。其要求设计师兴趣广泛,并且具备快速学习新知识的能力。

2. 设计技能

设计技能大概可以分为两类:一类是能够熟练运用设计知识,比如结合心理学的知识研究用户的技能、结合机械学的知识设计产品功能架构的技能;另一类是具有很强的程序性知识属性,且需要通过大量的练习才能够掌握的技能,比如绘制与设计相关的草图、效果图的技能,用各种材料制作设计原型的技能。

设计技能的关键是"熟练",并且这种熟练程度最好达到下意识的程度。

3. 设计思维模式

思维是借助于语言、表象或动作实现对客观事物的概括认识和间接认识,是认识的高级形式。思维即对感觉到的和记忆的各种信息进行更深层次的加工,以揭示事

13

物之间的关系，形成概念，进而利用概念进行判断、推理，解决人们面临的各种问题[9]。

设计思维是将设计知识和设计技能中的输入信息导入设计思维的发散空间和评价空间中，并对其进行深层次的加工和应用，进而将其内化成特定的思维模式。

没有设计思维模式这一层的指引，设计知识和设计技能很可能会被应用到错误的场景中，这不利于应用创新的思维模式。设计师对设计创新的学习不能停留在方法层面，一定要意识到设计知识和设计技能是在设计思维的框架内进行应用的；让设计思维的发散空间发散出尽可能多的想法；让其评价空间有尽可能多样化的评价视角和富有洞察力的评价标准。这是学习设计思维的一个关键认知。

4. 设计意识

掌握了一定的设计知识和设计技能的设计师可以算作初级设计师；能够很熟练地应用设计思维解决设计问题的设计师可以算作专业的设计师。但是你如果想成为这个领域当中的前10％甚至是前5％的顶尖设计师，则需要用到设计意识这个层面的东西了。

设计意识是指用人脑中的主观意识指导前面三者的应用，前面三者主要体现设计师对外在客观世界的学习，设计意识则包含了很强的设计师内在的主观判断性。所以，设计意识并不是简单地比设计思维更高一个层级，而是跳到三者之外，从元认知的视角进行设计审视的（详见第二章）。

第五节　设计的核心目标

一、设计产品价值的被感知方式

2006年，国际工业设计协会理事会（ICSID，International Council of Societies of Industrial Design）认为：设计是一种创造活动，其目的是确立产品多向度的品质、过程、服务及其整个生命周期系统。因此，设计是科技人性化创新的核心因素，也是文化与经济交流至关重要的因素。总体来说，工业设计就是对工业产品的使用方式、人机关系、外观造型等做设计和定义的过程。它将产品的功能通过有形的方式进行创造性的体现，使得工业产品和人的交流得以实现。它是一种产品与人沟通的语言，是联系工业产品和人的重要纽带，是用户体验的决定性组成部分。

ICSID对设计进行了全面的解读，但这些内容稍显复杂。简单来说，设计是将产品中所蕴含的各种价值用富有创造性的设计手法表达出来，并让用户能够感知和认同这些价值。具体来说，设计师通过设计来表现如下两种产品价值。

1. 其他人创造的价值

技术很先进，质量非常过硬，成本控制非常合理等都是一件产品蕴含的价值，但用户并不一定能够清晰地感知到这些价值的存在。比如,虽然一件产品的技术非常先进,但用户可能不懂技术,也不可能把产品拆开去看里边用了怎样先进的技术,这就需要设计师按照用户能够感知的方式,把产品的技术先进性表现出来,让用户真正感知到产品技术的价值内涵。

2. 设计师创造的价值

设计师可以通过塑造产品的美感等设计手段来创造产品新的价值,下文将具体结合特斯拉的 Model S 这个案例来展开聊一聊。

设计师的
工作目标

二、案例:特斯拉的 Model S

仔细看一下图 1.4,思考它给你的第一印象。

图 1.4 特斯拉的 Model S

大部分学生第一眼识别出的是 Model S 的流线型车身造型！

Model S 是特斯拉于 2012 年上市的一款纯电动、高性能轿车,也是特斯拉的第一款量产车型。Model S 的车身长度将近 5 米,这是典型 C 级车的尺寸。C 级车相比于紧凑经济型的 A 级车更强调车身造型的豪华性与稳重性。而特斯拉却把流线型的跑车形态移植到了这么大尺寸的车身上,这样的设计定位和以往很不同。

为什么特斯拉会把第一款量产车型设计成这样呢?

这就要从电动汽车的技术特征说起了。相较于传统燃油车,电动汽车的一个显著技术特征是加速快!"零百加速"(从零加速到每小时 100 千米)时间是用一个来衡量汽车加速性能的指标。奔驰、宝马和奥迪这 3 款豪华车品牌的跑车的"零百加速"时间分别如下:宝马 M4 为 3.8 秒;奥迪 RS 6 为 3.9 秒;奔驰 C 级 AMG 为 3.9 秒。而特斯拉的 Model S 的"零百加速"时间却仅为 2.7 秒,比上述跑车足足快了一秒多。所以从技术上看,电动技术是非常适合用在跑车上的。

此外,电动汽车还有一个技术特征——成本高。电动汽车作为一项新的技术,其研发费用、电池和电机的成本都是比较高的。以一台普通汽车(售价约为 20 万元)为例,传统燃油车的发动机的成本大约是 3 万元,而电动汽车的电池和电机成本大约是 8 万元。而早期电动汽车的产量也不会太高,其上下游产业配套不多,成本自然居高不下。这导致早期的电动汽车不可能卖得很便宜。所以,大多数国家在早期都会从国家财政层面给予企业一定的补贴。

既然电动汽车不会卖得很便宜,那么特斯拉最开始的用户一定是有钱人;同时,这些有钱人还不能太老套,是愿意尝试新鲜事物的人,尤其得对高端科技类产品感兴趣。所以,特斯拉认定第一批种子用户是对高端科技类产品感兴趣的精英用户。

通过进一步的调研,特斯拉发现这些精英用户的车库里一般有两辆车,且其中一辆往往是跑车。于是,综合电动汽车的技术特征和最初种子用户的特征,特斯拉电动汽车的设计定位便被确定下来。

2007 年,特斯拉曾发布了其第一款电动汽车——Roadster(图 1.5),这是一款以莲花跑车 Elise 为蓝本而开发出来的跑车。一个有趣的问题是为什么特斯拉在 2007 年就已经有可以量产的 Roadster,但其第一款量产车型却是在 2012 年才上市的 Model S?

图 1.5　特斯拉的 Roadster

Model S 虽然有着流线型的车身,但却与传统跑车有着很大的不同。传统跑车的车身往往低趴,其驾乘空间一般是两门空间,而 Model S 的车身并不低趴,它的驾乘空间也是更大的四门空间。传统跑车主要是通过硕大的轮毂和车身上强健的肌肉造型来表达它的速度感和动态感;特斯拉并没有使用这种设计语言,而是在流线型的基础上,使用了更为简洁和富有科技感的设计语言。Model S 的车身不强调肌肉的体块感,变得更加光滑,整体感更强。这种通过造型减法让产品看起来更加简洁的设计思路,恰恰是当前科技类产品常用的设计思路。事实上特斯拉也始终强调自己是一家科技公司,而不是传统的造车企业。

此外,传统跑车更像是一个富人的大玩具,属于小众产品,而特斯拉的这款跑车则是一款大众化产品,在商业上要具有更大的产业规模价值。

到这里我们看到特斯拉的设计师主导了两个工作:一是将 Model S 定位在四门轿跑;二是打造了流线型、简洁的科技美学。这两项工作用设计师的专业术语来说就是产品定位和产品品质感塑造。这是设计师通过"设计的手段"来解决创新问题的典型案例。

此处强调"设计的手段"是为了将其与技术手段、经济手段和政策手段等区分开。这些手段之间相互补充,并不矛盾。设计师要在自己的专业领域内给出自己的创新方案,实现自身的价值。

三、子目标 1:产品定位

1. 产品定位的定义

产品定位是定义产品的未来发展方向,包括产品的核心价值是什么,产品的细分用户是谁,用户是在怎样的场景下使用产品的,产品的功能体系架构是怎样的,产品的品质感应该达到怎样的要求,这些问题是与产品未来发展相关的问题(详见第四章的第五、六节)。

2. 产品定位的"设计"

产品定位是设计师"主动设计"出来的,即产品定位要经过发散空间和评价空间的反复迭代才能够被设计出来。这不是仅靠研究用户、竞品和潮流趋势就能分析推演出来的。

3. 设计产品定位的人

设计师主动设计产品定位并不意味着只有设计师才能给出产品定位。公司的销售人员有可能根据市场反馈提出新的产品定位;公司 CEO 有可能根据公司的未来发展提出新的产品定位;技术人员有可能根据产品技术的突破提出新的产品定位。所以,并不是只有设计师在做产品定位,只是设计师对于产品定位的思考有自己独特的视角,其给出的产品定位与其他人提出的产品定位是互补的关系。

四、子目标2：产品品质感塑造

解决问题是对设计师的最低要求，很好地解决问题才是设计师的终极目标！

人们在购买一款产品的时候，不仅想通过购买它（使用功能）来帮助自己解决问题，还会期待它是好的、美的。通过设计让产品变得"美＋好"就是产品的品质感塑造！它是超出产品使用功能的一种附加价值。

相较于产品定位可以有不同的人参与，产品品质感的塑造主要是由设计师来完成的，这是设计师的一个核心专业能力和素养。

本章参考文献

[1] 劳森. 设计师怎样思考——解密设计[M]. 杨小东（鲁革），段炼，译. 北京：机械工业出版社，2008.

[2] 布朗. IDEO，设计改变一切[M]. 侯婷，译. 沈阳：万卷出版公司，2011.

[3] Design process diagrams[EB/OL]. [2023-01-05]. http://hci. stanford. edu/dschool/resources/design-process/gallery. html＃3.

[4] method-cards[EB/OL]. （2003-11-01）[2023-01-05]. https://www. ideo. com/post/method-cards.

[5] Dschool bootleg deck[EB/OL]. [2023-01-05]. https://static1. squarespace. com/static/57c6b79629687fde090a0fdd/t/5b19b2f2aa4a99e99b26b6bb/1528410876119/dschool_bootleg_deck_2018_final_sm＋％282％29. pdf.

[6] 西蒙. 人工科学：复杂性面面观[M]. 武夷山，译. 上海：上海科技教育出版社，2004.

[7] 鲁志鲲. 结构不良问题解决研究述评[J]. 首都师范大学学报（社会科学版），2006(4)：5.

[8] 安德森. 认知心理学及其启示[M]. 秦裕林，程瑶，周海燕，译. 北京：人民邮电出版社，2012.

[9] 彭聃龄. 普通心理学[M]. 5版. 北京：北京师范大学出版社，2019.

第二章 设计意识

对设计思维有了初步的认知以后,第二章结合设计游戏和案例讲述设计师要建立的设计意识,以帮助学习者建立正确的设计元认知。

第一节 设计意识概述

一、设计意识的定义

迄今为止,人们对于意识还没有找到一个令人满意的定义[1]。同样,设计意识至今也没有一个公认的定义。本书尝试从意识的相关定义推演出设计意识的定义。

在《现代汉语词典》(第7版)中,意识是指人的头脑对于客观物质世界的反映,是感觉、思维等各种心理过程的总和。根据这个定义,可以看出意识是不同于且高于设计思维层面和设计方法层面的东西。

马克思主义哲学关于意识有以下描述[2]。

① 意识是人脑对客观存在的反映。第一,正确的思想意识与错误的思想意识都是客观存在在人脑中的反映;第二,无论是人的具体感觉还是人的抽象思维,都是人脑对客观事物的反映;第三,无论是人们对现状的感受与认识,还是人们对过去的思考与总结以及人们对未来的预测,都是人脑对客观事物的反映。这段描述指出意识是人脑对客观物质世界的认知,这种认知既有正确的,也有错误的;既有抽象的,也有具体的;既包含了对过去的认识,也包含了对现在和未来的认知。这些多视角的认知类似于人脑对客观物质世界的元认知。元认知是对认知的认知。可以用一个形象的比喻来帮助我们理解元认知:很多小朋友都曾有过蹲在地上玩蚂蚁的经历,元认知就像站在小朋友的后面,观察他们如何玩蚂蚁的状态。

② 意识的能动作用表现在,意识不仅能够正确反映事物的外部现象,而且能够正确反映事物的本质和规律;意识的能动作用还突出表现在,意识能够反作用于客观

事物,以正确的思想和理论为指导,通过实践促进客观事物的发展。这段描述指出意识不是从表面对客观物质世界进行的认知,而是从本质和规律的层面对其进行的深刻认知。并且意识的元认知具有很强的能动性,其能够对事物进行反作用,促进事物的发展。

据此,本书认为**设计意识是跳出设计思维和设计方法层面,从元认知的视角来审视设计师的思维过程和设计行为的。**

二、两种设计意识

元认知具有两个独立但又相互联系的成分:①对认知行为的调节和控制;②关于认知过程的知识和观念[1]。所以设计意识中包含两种意识。

1. 对的意识:向下指引设计行为

对的意识:意识到怎样做设计是对的!

设计思维和设计方法会"告诉"设计师如何按照一定的步骤和流程推进设计,但设计师要清楚地意识到不同的思维和方法有各自适合的应用场景,要在对的场景下应用对的思维和方法。这是设计初学者最容易忽视的地方。比如,设计师要意识到直接研究用户的效果是不如用设计方案去测试用户的。

2. 好的意识:向上指向未来方向

好的意识:意识到怎样的设计方向和趋势是好的!

当设计师能够正确地运用设计思维和设计方法以后,设计师思考的重点便是未来的设计方向在哪里,哪些设计趋势和方向是好的和有创新意义的。这些设计意识决定设计师的天花板在哪里,对于设计师的成长有重要影响。

设计师只有进行独立的思考,才能判断哪个方向的设计是好的,这需要设计师进行大量的实践活动,从而积累大量的经验。

三、设计意识的3个特征

关于穷人思维和富人思维,相信你一定听说过。简单理解,用穷人思维做事的人是亲力亲为的,为了省一些钱不惜耗费自己宝贵的时间,而用富人思维做事的人不主张所有的事情都自己做,这些人更倾向于调动各种资源来达成自己的目的,例如,对于一些价值不高的事情他们会花钱请别人做,而自己则去做一些价值更高的事情,如图 2.1 所示。这里并不想讨论穷人思维与富人思维的对与错,实际上它们都有各自的价值和适合的应用场景。

但请你设想一下,穷人思维和富人思维之间的转换是否很容易?这应该不是很

图 2.1　穷人思维与富人思维

容易的,否则社会上就不会有那么多关于富人思维的书籍和课程了。

为什么这两种思维模式的转换会很难呢?因为这两种思维模式的转换需要意识的参与!这不仅仅是依靠方法、技能或者知识层面的东西就能解决的。

具体来看,设计意识有 3 个特征。

(1)特征一:设计意识需要认同

意识的建立需要人的主观认同!

不是知道设计意识是什么了,就可以建立这种意识的,需要先认同设计意识,然后它才能正确地指导后续的设计行为。例如,本书反对"以用户为中心"的设计理念,并提出了"以设计师为中心"的设计理念,但你如果很认同"以用户为中心"的设计理念的背后逻辑,那么便无法进行"以设计师为中心"的主动设计。

(2)特征二:设计意识需要主动判断

设计意识是在引导设计师"做正确的事";而设计知识、设计技能和设计思维则是教设计师如何"正确地做事"。正确地做事往往是依靠一套流程和方法就可以做到的;而做正确的事需要设计师进行主动判断。

由于设计问题的结构不良,设计师很难基于一步步的逻辑推理进行判断。这时就需要设计师在大量发散思维的基础之上,有意识地提出大胆假设(主动判断),假设未来的方向在哪里,假设用户会认同怎样的设计,这些假设中包含了设计师大量的非逻辑的想象,也正是这些想象成了设计师主动判断的基础。

(3)特征三:正确的设计意识是用来对抗下意识的

建立某意识除了需要人们在主观上认同该意识之外,还需要人们对抗已经习惯了的下意识。习惯了富人思维的人要想体验穷人思维那种"自己动手,丰衣足食"的满足感和踏实感,就必须克服那种下意识里想通过调动资源来达成目的的冲动。

在设计创新过程当中,有很多的思维模式是与我们日常生活当中所习惯的思维模式相悖的。我们在建立正确的设计意识时要克服那些在下意识当中已经习惯了的思维模式。最终希望这种在意识层面的提醒会变成我们在下意识当中的新习惯。

第二节 Not 以用户为中心，Yes 以设计师为中心

一、设计游戏："另一半"猜想

这是一个适合在公司团建或者朋友聚会的时候玩的游戏。建议看完游戏规则以后，先猜测游戏中可能会出现怎样的场景。

"另一半"猜想

① 寻找 1～2 位单身志愿者；

② 其他人分为 3～5 组，这些人作为"访谈者"对上述单身志愿者进行访谈；

③ 每组访谈者想 2 个问题来调查单身志愿者对"另一半"的倾向；

④ 每组访谈者分别对单身志愿者进行访谈，单身志愿者只回答上述的 2 个问题，且其他组访谈者不能旁听；

⑤ 每组访谈者用文字归纳单身志愿者对"另一半"的期待，并在网上找一张公众人物的照片来视觉化该"另一半"；

⑥ 把每组访谈者找到的公众人物的照片顺序打乱，将其呈现给单身志愿者，让单身志愿者根据自己的直觉快速选出"另一半"。

每组访谈者把提出的问题和对答案的归纳分别按图 2.2 所示的格式进行汇总，并把找出来的照片附在上面，以进行后续分析。

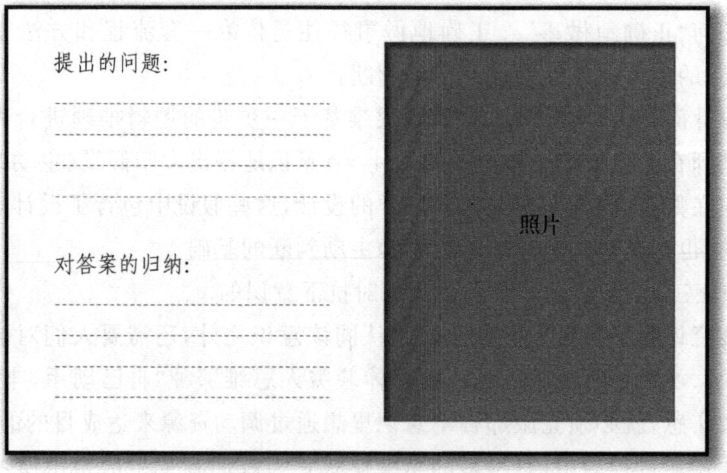

提出的问题：

照片

对答案的归纳：

图 2.2 "另一半"视觉化模版

二、游戏洞察

上述游戏实际上是模拟了设计师（访谈者）对用户（单身志愿者）进行调研的过程。从中可以发现很多有趣的用户特征。

在某节课上，学生分成5组访谈者和1个单身志愿者进行了上述游戏，以下是从游戏中洞察的结果。

1. 用户是动态成长的

如果按照访谈顺序对所有访谈者归纳的文字和找出的照片进行总结，会得到如下结果。

1组："清纯、活泼"。

2组："清纯些，但一定要大大方方的，该玩的时候也能放得开"。

3组："善于与人沟通，会搭配衣服，不要太闹腾，也不要太沉闷"。

4组："有自己的思想，爱玩、会玩"。

5组："成熟稳重，不需要太性感，但要大气、得体"。

从这些文字中你能感觉到单身志愿者是在描述同一个"另一半"吗？

事实上单身志愿者对"另一半"的期待是随着访谈的深入程度而动态调整的，比如其表述从"清纯、活泼"演化到"成熟稳重，不需要太性感，但要大气、得体"。这种现象是由访谈者提出了不同的问题，使单身志愿者对"另一半"有了更多角度的思考造成的。

在实际生活中，我们也往往有类似的体验：原本想在网上买某个品牌的产品，但看了相关的评论以后，很可能选择了其他品牌的产品。这就是因为用户的最初想法随着新信息的输入而发生了变化，这是人之常情！

新产品的研发都是有周期的，这个周期短则几个月，长则几年。而传统的用户研究都是在研发的早期进行的，当产品真正上市时，用户的想法和需求很可能已经发生变化了。

设计师一定要意识到：用户是动态成长的，并且很可能成长的速度是超出你的想象的！

2. 用户不擅长预测未来，让用户选择更靠谱些

访谈者会发现单身志愿者在描述自己的"另一半"时有些啰唆、含糊不清，总是在不停地补充自己的表述，这反映出用户在描述自己的"另一半"时比较纠结。但在面对照片选择时，单身志愿者的纠结感就少了很多，他往往很快就能挑出自己所认同的照片。

想让用户告诉设计师未来的设计方向是很难的（这是设计师的本职工作！不是

用户的工作),但如果你拿几个概念设计方案让用户选,用户就会较为快速、清晰地告诉你他喜欢哪个、不喜欢哪个,甚至还能说出选择的原因。**乔布斯也说过:"用户不知道自己想要什么,除非你把东西摆到他们面前。"**

为了应对用户的快速成长,建议设计师主要通过设计原型的用户测试来研究用户的喜好和设计方向,不必在前期的用户研究上花费过多时间,对重点的部分研究一下就好。因为用户测试能告诉你更真实和更有价值的信息。

3. 用户的期待是高于他告诉你的

在这次游戏中,单身志愿者选完照片后,说他真正喜欢的是蔡依林这类的女生,并且展示了他在"2015 蔡依林台北小巨蛋演唱会"现场拍摄的手机视频。但其他人看到视频中颇具女王范又极其性感的蔡依林出场时,都表示了诧异,因为单身志愿者描述的信息与这样的画面相去甚远。

这并不是说用户撒谎了,恰恰是用户很正常的表现,因为用户言语中描述的需求与潜意识中的期待是两回事!尤其是这种期待很多时候并不在可用言语表述的意识层面。常规的用户研究中用户也不一定愿意清晰地把潜意识表达出来。

此外,当设计师根据用户的需求提出解决方案时,用户潜意识里也在期待比自己更专业的设计师拿出更好的解决方案,否则设计师的作用没有体现出来。这要求设计师不能停留在解决问题的层面,"美+好"地解决问题是用户对专业设计师的期待。超出用户的期待、带给用户惊喜才会让用户成为设计师的认同者。

4. 用户的行为更能体现他的真实想法,对用户的"说"要谨慎对待

还是以上述例子进行说明,单身志愿者特地自费飞到台北看演唱会的行为比面对访谈时说的任何话都能更真实地告诉你他的想法、他的需求。

研究用户时多关注用户的行为,尤其是用户在下意识中做出的行为和动作,对用户的"说"要谨慎对待,因为"说和听"的过程掺杂了太多听者的个人理解。

5. 设计师在按照自己的方式理解用户

按说访谈者(设计师)是针对同一个单身志愿者(用户)进行的访谈,即便几组访谈者提问题的技巧和水平有所差异,几组访谈者最终给出的照片也应该是相似的。但在多次课堂游戏中,访谈者给出的照片都不一样,给出同一个人照片的情况也很少,甚至有时给出的"另一半"的照片风格差异比较大。为什么会这样呢?因为一千个读者,就有一千个哈姆雷特!访谈者都或多或少地在挑选照片的时候加入了自己的理解。

设计师的人生阅历不同,他只能按照自己的方式理解用户,这是铁打的事实!即便现在的设计思维非常强调同理心——站在用户的视角理解用户,设计师也无法摆脱自己原有知识体系对用户理解的影响。设计师对这个问题不要纠结,只要保持对用户理解的开放性,不形成过多的刻板印象即可。

三、"以用户为中心"的设计困惑

"以用户为中心"的设计理念是当前很多企业和设计师遵守的金
科玉律,但作者在多年的设计实践中却对此充满了困惑感。

UCD 的设计困惑

第一,如果设计师都遵从"以用户为中心"的设计理念,就会出现"面对相同用
户,不同企业的设计师设计出的方案是否应该是一样的?"或者"同一产品在不同地区
的市场销售时,是否应该是不一样的?"的疑问。但在现实中,我们看到的却是奔驰、
宝马、奥迪在面对中国的高端客户时,给出的汽车外观设计风格迥异:奔驰注重豪华
与霸气;宝马注重驾驶的激情;奥迪注重商务与科技。也许你会说这是细分用户的结
果,但在现实中我们确实可以看到同一个用户在为买奔驰还是宝马而犹豫不决,否则
它们就不是竞品的关系。此外,无论在哪销售,同一款 iPhone 手机的尺寸都是一样,
即使亚洲人的手相对较小,欧美人的手相对较大,他们也使用同一尺寸的 iPhone 手
机。这些国际顶尖公司的设计师难道不知道"以用户为中心"的设计理念吗? 作者认
为这些设计师有其他的考量。

第二,用户可以清晰地告诉你这个手机的按键容易误碰,那个水壶的把手拿着不
舒服,这款车的车灯造型太丑,……但对于怎样才不会误碰,怎样的把手拿着就舒服
了,车灯又具体丑在什么地方,用户是很难清晰、准确地告诉设计师的,因此用户的需
求往往是很主观的、感性的、模糊的。设计师面对这样的用户需求该怎样处理呢?

第三,出现了一种较为极端的情景,且近年来这种极端的情景也越来越普遍了:
在产品发布之前,你很难清晰地描述出谁是你的用户。典型的例子是小米手机"为发
烧而生"的定位,小米原本想把那些经常刷机的"发烧友"变成自己的核心用户,但实
际上注重性价比的用户才是小米的核心用户。

第四,最了解需求的是用户自己,但完成设计的却是设计师! 这里逻辑上的困惑
是:对于最了解需求的用户自己都没能解决的问题,为什么设计师就能解决呢? 这是
否说明了了解用户需求并不见得是解决问题的核心所在? 我们当然可以说设计师有
更专业的技能,可以分析和整理更多的用户需求,从中提取出更有价值的信息,帮助
用户把需求转换为产品概念,并将这种概念进一步导入生产体系中,最终根据用户的
需求生产出产品,实现"以用户为中心"的承诺,……但不可否认的是设计师拿到的用
户需求信息的确是"二手"的,当用户的需求随时间的发展而有了新的变化时,设计师
未必能第一时间知道这些变化,而设计偏偏又要由设计师来完成,这是不是有些
奇怪?

第五,我们常常听到如下两个段子。一是乔布斯从来不管用户想要什么,他只是
每天早上站在镜子前面想他自己想要什么。二是亨利·福特曾说:"如果你问顾客想
要什么,他们一定回答说想要匹快马"。诺基亚为什么没落了呢? 这是因为用户曾
经在 2004 年一项关于触屏手机的测试中,明确地告诉诺基亚的研究人员"他们对触

屏不感兴趣，他们更喜欢实体键盘的触感"。结果 3 年后苹果推出了触屏的智能手机，将诺基亚从全球手机的霸主位置赶了下来，开创了智能手机的苹果时代！这样的故事真的让设计师很郁闷，因为他们很清楚自己不是乔布斯，也不是亨利·福特，更没有诺基亚的研发团队，如果不听用户的，该听谁的。

实际上，"以用户为中心"的设计理念的背后逻辑是"搞清用户需求才能设计新产品"，但用户需求只是创新驱动引擎中一个部分，本书并不否认用户需求对创新驱动的作用，但反对"以用户为中心"的设计理念中的"唯用户论"，不能所有的设计都被动地遵从用户的需求。

四、"以用户为中心"的设计理念来源

"以用户为中心"的设计理念是 20 世纪 80 年代兴起的一种产品开发的概念与方法，首先提出这个理念的是畅销书——"设计心理学"系列丛书的作者唐纳德·诺曼。当时他与德拉泊合著了一本新书——《以用户为中心的系统设计：人机交互的新视角》[3]。这本书所阐述的"以用户为中心"的设计理念是针对人机交互这个场景提出的一个新的研究和设计视角。希望人机交互界面的设计要更多地照顾人的感受和人的操作能力。之所以提出这样的设计理念，是因为很多的产品是"以技术为中心"的，要求人去适应技术，导致产生很多不人性化的设计。在工业社会早期，工厂里面的工人经常会受到机器的伤害，就是因为工程师在设计机器的时候只想着如何让机器的生产制造更简单，而忽略了人操控机器的便利性与安全性。图 2.3(a)所示的是老式机床，它的开关和操作按钮的位置非常低，人在操作的时候需要弯腰、低头，很容易忽视机器工作面的危险因素。这样的设计是遵从让机器的内部技术结构更简单的逻辑来设计的，体现了典型的"以技术为中心"的设计理念，没有考虑到人的操作需求。图 2.3(b)所示的新式机床则把操作面板抬高到了人的视线高度，这样人在操作的时候就不必弯腰了，眼角的余光也能注意到机器工作面的状态，这使得安全性更高，体现了"以用户为中心"的设计理念。

这样看提出"以用户为中心"的设计理念是有着合理背景的，但是当脱离了人机操作界面以后，是否还要完全按照"以用户为中心"的设计理念来推进设计便需要进一步商榷了。

五、"以设计师为中心"的设计理念

1. 设计师是设计创新的直接责任人

按照"以用户为中心"的设计理念，一个产品的诞生过程大概是这样的：首先设计师调研用户的需求，并根据用户的需求提出设计方案；然后设计师将设计方案交给工

(a)

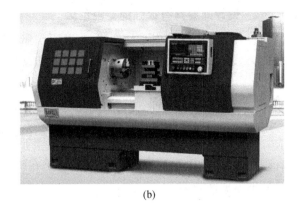
(b)

图 2.3 新、旧 2 种机床

程制造环节的生产者,由他们完成设计方案的生产制造;最后销售人员将产品销售给用户。这就形成了一个设计闭环。而在这个闭环之上,还有一个监督着整个产品诞生过程的人,这个人就是企业的管理者,我们用 CEO 来代表这个监督者。

假设某个新产品诞生以后的销量并不好,那么对于这个产品诞生过程中的所有参与者,谁该来为此负责呢?

第一分析用户,按照"以用户为中心"的设计理念,用户应该是第一责任人,因为其他人都是按照用户的需求来执行的。但是用户很有可能是第一个"甩锅"的人,因为用户告诉需求和用户拿钱买产品是两回事,用户是真的没有责任要为自己的需求买单的。

第二分析设计师,对于这个责任设计师是逃不掉的,毕竟主要的设计都是出自设计师之手。

第三分析工程制造环节的生产者,他们对于产品最终呈现效果是有重要影响的。但是,他们的责任是容易认定的,如果他们保质保量地按照设计师的要求完成了工程设计和制造,他们是不用承担责任的。

第四分析销售人员,他们只要正确地把产品信息以恰当的方式传递给适合的消费者,也就完成了营销的任务。销量不佳只能说还是产品本身出了问题。

第五分析 CEO,CEO 肯定是有责任的:一来 CEO 是企业的管理者,用户不购买这个新产品,作为管理者,他一定是有责任的;二来对于产品的设计定位,CEO 是重要的参与者和决定者。所以对于这个责任,CEO 也不是那么容易摆脱的。但是设计师是产品最终形态的直接参与者与第一执行人。相对而言,其责任会更多一点。

当然,一旦产品设计成功,这些人中可以理直气壮地宣称这产品是我设计的人也只有设计师。所以综合来看,设计师是最应该为产品的最终形态负责的那个人!按照责权对等的原则,作者主张"以设计师为中心"的设计理念!

2. 设计师要具有很强的专业能力

设计师想要站在中心的位置，也并不是那么容易的，这需要设计师具有很强的专业能力，尤其是本书强调的设计思维模式和设计意识两种能力。

六、用户研究思路

用户研究的
通用模式（上）

反对"以用户为中心"的设计理念，而主张"以设计师为中心"的设计理念，并不意味着不看重用户，设计师是在研究用户的基础上发挥设计师的专业能力的。

1. 用户研究的通用思路

1）初步研究用户

用户研究的
通用模式（下）

最开始研究用户时并不是马上跑到用户面前开展研究，而是先从与用户有过接触的人员入手，比如询问销售和维修人员用户反映的具体问题是什么，思考公司高层布置这样的设计任务的初衷是什么，等等。

这一阶段只是初步地确定用户及问题场景，还不是定义。所以，在这一阶段以多搜集相关信息为主，不必在意信息是否一定有用。

2）根据场景定义用户属性

完成第一步以后应该马上着手进行第二步，因为这时的记忆还是很清晰的。

这一步最好准备各种便利贴及一面大的墙，然后把所能想到的用户信息都写在便利贴上并将其贴到墙上，并按照下文所述的用户属性对这些信息进行归类。

用户属性分为一般属性和场景属性。需要提醒的是两种属性都是与当前问题场景相关的属性！下文的属性列表只是建议，熟练以后可以根据具体问题对属性进行增减。

（1）一般属性

① 人口统计信息

人口统计信息主要描述用户的年龄、性别、职业、收入、头衔、居住位置、文化背景等信息。

② 生活价值观/消费态度

a. 生活价值观：节俭的、懒散的、注重效率的、轻松的、有趣的、舒服的……

b. 消费态度：注重性价比、追求品质感、在能力范围内追求最好的、对新的事物好奇并愿意尝试、持保守心态、持积极心态、持消极心态……

（2）场景属性

① 场景描述

a. 场景时间：问题场景发生的具体时间。对于这个时间，不能只说清楚具体几点,还要说清楚那个时间段对于用户意味着什么。比如,早上9点,对于有的人来说是公司的早会时间,是一天工作的开始,而对于有的人来说则是睡到自然醒的伸懒腰时间。

b.场景环境:从物理空间的角度来描述问题发生的环境,并且描述该环境对于用户意味着什么。比如,对于学生大学食堂这样的环境不仅是吃饭的地方,也是学习的场所。

c.场景情境:从心理的角度来描述场景的氛围,比如热闹的情境、紧张的情境、放松的情境等。

② 场景角色

a.扮演的角色:用户在使用产品的场景中所扮演的角色。比如,拼车上下班的场景中,用户可能是驾驶员,也可能是拼车的客户。不同的角色所关注的利益点是不一样的。

b.角色的不满:用户的痛点,即用户对当前场景不满意的地方。

c.角色的愿望:描述当前场景下用户使用产品的动机,并将其分成短期目标、长期目标。

d.角色的能力:描述用户与问题相关的知识水平、能力。比如,对于年轻人来说在手机上安装和下载各种App是没有问题的,但对于老年人来说这可能就是一个非常大的障碍。

e.其他角色:场景中不一定只有用户自己,对于其他同时出现在场景中的人我们称之为利益相关者,他们也会对用户和产品产生影响,这是需要设计师关注的。

③ 场景行为

a.行为目的:观察用户的行为时不能只看到行为本身,关键是要分析用户每一种行为背后的目的。目的是有显性和隐性之分的,这些目的可以结合进一步的访谈来区分。

b.行为顺序:弄清楚用户是按照怎样的先后顺序完成任务的以及这样做的原因。在顺序的背后往往隐含着用户脑子中对产品理解的模型,或者用户最关心、最容易忽视的利益点。

c.行为频率:弄清楚在单位时间内用户的行为次数,但是要注意单位时间是根据问题场景来确定的,不一定非要用5分钟、半小时、一个月等固定的时间段来计算频率。比如,我们研究北京早晚高峰时段的人流量时,就要用不同路段高峰开始时间到高峰结束时间这样的时间跨度来计算人流量。

d.与行为相关的知识水平/技术能力:在进行某些行为时,用户的知识水平和技术能力。

e.行为趋势:在特定的场景下,用户的行为具有的趋势。比如,在微信增加了微信运动的小程序后,人们对于行走的步数会更加关注,很多人会时不时地拿出手机看看自己今天走了多少步。

④ 场景物品

a. 场景自带的物品：由场景提供的物品。

b. 用户物品：归属用户的物品。

c. 物品与场景和用户的关系：物品具有的功能决定了物品扮演的角色。

d. 物品的行为：这些行为反映了物品的信息。

e. 物品的设计特征：物品的形态、颜色和材质等。

上述很多信息是需要跟用户接触几次后才能确定的。暂时不能确定的信息可以先列出来，等面对用户进行观察和访谈后再确定。

3）根据用户属性对用户进行聚类，以形成细分用户（自下而上）

有了前面那些描述用户在场景当中真实状况的各种素材后，设计师就可以进入自下而上的用户聚类的环节了。用户聚类是为了进一步地细分出不同的用户，这样对用户的痛点的描述会更有针对性。此外，用户聚类还能够帮助设计师发现新的看问题的视角。

比如，某音乐 App 的用户可以分为如下几类。

- 音乐"发烧友"。他们会在 App 的各种曲库中搜寻各种风格的曲目以创建高品质、富有个性的歌曲列表，同时会对各种风格的歌曲发表较有深度的评论，并与其他评论者积极互动。

- 新歌尝鲜者。他们对各种新鲜事物感兴趣，会经常翻看 App 的新歌推荐。

- 懒人陪伴者。这部分人不想费脑子自己创建歌单，只是根据当时自己的心情来随便挑选某一首歌听一听。他们也可能希望 App 根据自己的喜好来智能推荐歌曲。对于他们来说音乐就是一个背景音、一个陪伴者。

- 自由听者。他们一般同时安装有几个音乐 App，哪里有他们想听的音乐他们就去哪里。

对于用户聚类，不同的人可能会有不同的结果，这里没有标准答案。比如，有人可能就聚类出了音乐"发烧友"和新歌尝鲜者这样两个新的细分人群。它们可以帮助设计师找到新的设计视角、新的洞察结果。设计师如果对于细分人群不满意，则可以重新聚类。只是用户聚类这一环节是存在创新的"黑箱"的，设计师只能通过不断地发散和迭代去找到更为合理的用户细分。

4）构建用户（自上而下）

自上而下地构建用户主要是根据商业目标来构建用户，以判断在聚类出的用户群体中哪个用户群体的价值更大，以及哪个用户群体对后续产品设计创新更有意义。自上而下地构建用户是有一些成熟的模型可以用来参考的。

- 核心用户。他们最大的特征是对产品最忠诚，无论产品怎样他们都会支持产品。这部分用户不会特别多，且他们对于产品的各项功能最熟悉，往往会成为产品的意见领袖，对产品的销售起很重要的作用。

- 主要用户。这部分用户是使用产品最多的那群用户，他们未必能像核心用户那样把产品的大部分功能都用到,对产品的使用会集中在某些主要功能上,而且其使用产品的频率很高。要想留住这些用户,需要在他们常用的功能上做出特色。

- 一般用户。他们往往是接触产品时间不长的用户,还在学习的过程中,需要有针对性地对他们提供帮助,以让他们尽快转为主要用户。
- 潜在用户。他们是那些有可能被产品的某种特征所吸引的用户,且目前可能在使用其他产品,但他们的需求并没有很好地得到满足,如果你的产品刚好能满足他们需求,那么他们就有可能转化为你的主要用户,甚至核心用户。

此外,根据用户的需求还可以构建以下用户。

- 小白用户:有需求,但不知道怎样实现自己的需求。
- 小闲用户:有需求,但不急于实现自己的需求。
- 小明用户:需求明确,想快速实现需求。

需要记住一点:用户的定义是需要随着研究的深入而进行更新的。

上述对于用户的描述过程实际上是一个"拟人化"的抽象过程,就像是一个构造故事的过程,它可以帮助设计师强化记忆,同时也是设计师与其他相关设计人员进行沟通的有效工具。有一个专有名词"Persona(用户画像)"来描述它,它是美国艾伦·库珀(Alan Cooper)创立的,他在《About Face4:交互设计精髓》中对它有更深入的介绍。此外,也推荐大家看看史蒂文·穆德(Steve Mulder)等人写的《赢在用户》和伊丽莎白·古德曼(Elizabeth Goodman)等人写的《洞察用户体验:方法与实践》(第2版)。

2. 其他的用户研究思路

1) 观察

观察主要是了解用户是怎样做的!

对于用户的观察有实验室条件下的观察和自然条件下的观察两种。前者在实验室中按照研究者的设定开展,它可以排除各种干扰,让研究者清晰地观察到其想要观察的行为。但其缺点是用户在实验室中往往不会表现出其真正的行为,因为当他意识到自己在实验中被别人观察时他会不自觉地改变自己的行为,以使自己的行为更加正面。自然条件下的观察虽然可以避免用户行为的不自觉改变,但受条件限制并不能观察到所有的行为。建议两者结合使用。

观察前要制定一个计划,以明确想要观察的是什么,并将其落实到一份观察记录表上,以方便在观察的时候及时记录相关信息。观察记录表的制作要针对具体问题具体分析,不要试图使用固定一致的观察记录表,那样可能会让你陷入程式化的观察中。观察时要结合观察目的及用户属性来确定要观察什么和怎样观察,同时可以结合下面的建议来进行准备。

- 用户的衣着及用户随身携带的物品中都包含着很多信息,可以的话建议把这些信息拍下来,如果不方便拍照,建议完成观察的时候马上记录下你观察到的这方面内容。

- 把用户的大概行为顺序排列一下,如果用户的行为顺序与你所排列的顺序不一样,可以马上手写序号进行调整。
- 可以自己设计一些用户行为判定的符号,比如,行为是正面的用"+",行为是负面的用"-",行为是中性的用"0",这样可以加快你记录的速度。
- 观察中有一个很重要的信息是时间。最好的方法是通过录像来记录时间,也可以借助于一些运动秒表来手动记录时间。
- 如果是在某些特定场景下的观察,建议事先拍一些场景的照片,这样可以方便地记录用户在某个位置的行为细节,比如摸了什么、凑近看了什么……
- 画出一个场景平面图,这样可以很方便地记录用户的行走路线和停留时间。

对于观察能力的提高建议还是从日常生活中做起:时时观察周围人的外在特征、行为特征和行为的先后顺序等。观察实际上是一个经验积累的过程。

有两个场所很适合做观察的训练:一个场所是家居卖场,这里很适合静静地躲在一边做自然观察,比如,在宜家,你可以看到什么样的人被什么样的产品吸引;另一个场所是餐馆,从人们进入餐馆到落座、点菜、吃饭和结账都有很多值得观察的点,从中能看出吃饭的这些人之间的各种有趣关系和他们的性格。

2)访谈

访谈主要是了解用户行为背后的动机和态度!

访谈一般建议安排在观察之后,这样访谈的内容就更有针对性。如果是直接访谈需要访谈者先介绍访谈的目的和大概背景。访谈跟观察一样,也是要先有一个大概的访谈计划的,即便是临时发生的访谈,你也要很清楚自己要从访谈中获得什么。

访谈主要是围绕下面4个方面开展的。

(1)态度

态度主要是用户对产品和事件的态度倾向,包括正向、负向、中性。这里可以结合5分制量表(即从1~5为其态度打分)来调查用户态度的倾向程度。

(2)动机

动机是指用户行为和态度背后的真实动机。一个常用的工具是"5 why"——对用户给出的解释进行连续的追问,以最终挖出用户的真实动机。用户并不是有意地隐藏动机,而是很多时候用户自己也未必清楚为什么这样做。

比如,有个女孩最近开始积极地运动健身。

问:为什么开始运动健身了?

答:希望自己更健康。

问:感觉自己怎么不健康了?

答:我看起来有些胖。

问:胖让你有什么不好的感觉?

答：让别人感觉我很懒、没有活力。

问：为什么要让自己更有活力？

答：有活力会显得更有魅力。

问：为什么要更有魅力？

答：因为我喜欢上了一个男孩子，但在他面前我有些没有自信。

那么到这里才找到了女孩积极地运动健身的真正原因——想变得有魅力和自信，而要实现这两个目的并不是只能依靠运动健身，还可以从穿着、兴趣爱好上努力。

（3）设想

设想是为了帮助用户转换看问题的视角，这样一方面可以验证用户之前的态度或动机，另一方面可以帮助挖掘用户的潜在需求。

设想提问的语句是"如果……你觉得会怎样？（能接受吗？有更好的建议吗？……）"，比如"如果不能……你会有怎样的感觉？""如果不能……你会有什么可替代的选择吗？""如果给你一个新的……你觉得怎么样？""如果让你提出新的……它会是什么样的呢？"。

这些提问方式还有很多种，我们主要是结合访谈的目的来提出问题的。

（4）细节

细节对设计师是很重要的内容。你可以使用"能否再说得具体点？""能否举个例子来说一下？"这样的提问方式来鼓励受访者把尽可能多的细节告诉你。

第三节　Not 解决问题，Yes 理想状态(未来意识)

一件新产品被人们所认可，往往是因为其解决了人们所面临的问题。于是在下意识中，人们会认为设计就是为了解决某个问题。但对设计师来说，设计不能仅仅满足于解决问题。

一、设计思考：功夫门挡

图 2.4 是我们生活当中常见的门挡。这种木头非常廉价、简单、环保，也能有效地将门挡在任意位置，并且也是非常符合如今极简的设计趋势的。那么这样的一个产品是否就是我们所期待的终极完美的产品呢？从解决问题的角度来看，这样的设计可以说是完美地解决了挡门的问题。

但是，设计师又给出了图 2.5 所示的设计：在木头上面又放上了一个貌似会中国功夫的小人，这个小人好像在推挡这个门。一下子将挡门这样一个功能性问题提升到了一个非常有中国功夫文化意味的状态。一个门挡的价格也从原本的一元提升到

图 2.4　简单实用的门挡

了几十元,甚至上百元。一个简单的门挡已经可以很好地解决问题了,再设计这样的一个功夫小人门挡是不是画蛇添足了?

图 2.5　功夫小人门挡

二、设计不仅仅是解决问题

挡门问题明明已经有了完美的解决方案,为什么设计师还愿意花心思做别的设计呢?关键是人们还愿意为此付出更多的金钱来购买这些新的设计。

到这里希望你能意识到设计绝不仅仅是为了解决问题！

以"用户为中心"的设计理念强调要满足用户的需求,实际上没能表达出设计真正的核心价值。

解决问题仅仅是设计的开始,或者说只是设计的基本要求。设计要在解决问题的基础之上,创造出更加美好的东西。2017 年,世界设计组织对工业设计做出了新的定义,这个定义也体现了上述要求:"工业设计是驱动创新、成就商业成功的战略性解决问题的过程,通过创新性的产品、系统、服务和体验创造更美好的生活品质。""创造更美好的生活品质"远远跳脱了解决问题的范畴,只有意识到设计不仅仅是解决问题,设计师才会有更远大的理想和追求。

三、设计目标是设计理想状态

如何创造更美好的生活呢？这就要讲一点理想主义了。什么是理想呢？理想有两个属性:一个是诗意化的表达方式;另一个是理想在远方。

诗意化的表达方式是相对于直白的表达方式而言的。对于设计,直白的表达方式就是很直接地解决问题。但是对于设计师来说,他更希望使用诗意化的表达方式。也就是说,设计师不能仅仅满足于解决问题,还要追求问题解决后所能达到的理想状态。

理想在远方是希望设计师能够跳出当前的问题场景,从未来的视角思考问题的解决方案。这便要求设计师站得高、看得远,不能仅仅将设计的视野局限在具体的问题上。设计师始终要思考这件事在未来的问题场景当中的理想状态。

这些理想化的诗和远方才是设计师真正应该聚焦的事物,设计师不能仅仅关注眼前的问题场景。

第四节　Not 被动设计,Yes 主动设计

根据用户研究发现的问题开展设计,是一个非常被动的设计过程,因为如果用户不能够清晰地表达出需求,那么设计师便没有开展设计的必要。实际上设计师更想主动地创造新的世界、新的未来！

一、案例:Model 3 的内饰设计

图 2.6 所示的是特斯拉 Model 3 的内饰设计。仔细看看这张图片,有没有发现什么与众不同的地方？

汽车方向盘前面的仪表盘没了！

在 Model 3 的内饰设计当中,特斯拉的设计师非常大胆地把方向盘前面的仪表

盘去掉了。先不管这样的设计是否合理,但其超乎寻常、颠覆传统的设计着实让人吃惊并且心生敬畏。

图 2.6　特斯拉 Model 3 的内饰设计

为什么这样设计?是用户提出了这种需求?还是设计师在主动创造?

按照常识,用户是不会提出这样的需求的。特斯拉对此也没有明确的官方解释,只是马斯克在 Model 3 的揭幕仪式上说道:"你并不需要经常看仪表盘。"

本书尝试给出一些个人化的猜想。

首先,电动汽车的仪表盘所要显示的信息比燃油车简单多了,它并不需要燃油车的转速表、燃油表等。电动汽车中与驾驶相关联性高的仪表主要是速度表,Model 3 则将其集成到了中控显示屏的左上角,驾驶中司机是用眼角的余光来看中控显示屏上的车速信息的。这样的设计可以避免司机低头看车速表,对于提升驾驶安全性是有帮助的。其次,去掉仪表盘也许是设计师希望将极简的设计风格做到极致,既然仪表盘显示的信息已经减少了很多,那么干脆就将仪表盘去掉,这样还可以降低成本(这很符合特斯拉的风格)。最后,这样的设计可能是对未来无人驾驶的大胆尝试,随着无人驾驶系统的成熟,司机需要关注的仪表盘上的信息会越来越少,汽车的驾驶属性也会越来越低,与之相关的设备被去掉的可能性越来越大。

上述猜想的正确与否并不重要,关注这个案例的真正原因是希望设计师在设计过程当中具有主动设计意识,而不是被动地等待用户提出需求。

二、发现问题是在被动地等待

Model 3 的设计师应该没有使用发现问题的思路来设计内饰。

什么是发现问题的思路呢?

仪表盘是为了方便驾驶者在驾驶的过程当中观看行车的数据而设置的,但是驾驶者要想看这些数据,就必须将观察远处路面情况的视线收回到车内,并且低头看近处的仪表盘。这一远一近、一高一低的视线变化将不可避免地带来一定的安全隐患。这的确是一个问题,但法系车的中置仪表盘和抬头显示器都是可以解决这个问题的。所以,按照发现问题的思路,Model 3 取消仪表盘的突破性设计根本不会出现,因为问题已经被解决了。这种思路让设计师处在非常被动的等待状态。

三、设计要主动创造新的可能

Model 3 的设计师显然不是在等待问题被发现,而是主动地做出新的变化,寻找新的可能,创造出事物更加理想的状态。

Model 3 的设计师不是想着如何解决视线转移所带来的安全隐患问题,而是创造了一种新的可能,即不用仪表盘显示速度信息,而用中控显示屏显示,这样就跳出了如何设计仪表盘的问题框架。

主动设计的意识会影响设计师的下意识行为。发现问题的心态让设计师会在下意识中处于一个被动的等待状态,设计师发现不了问题就难以推进后续的设计;而主动创造未来的心态让设计师不再等待,而去主动创造新的变化、新的可能。这种下意识当中的变化才是强调这个意识的根本出发点。也就是说,即便当前的产品已经很好了,并且用户没提出什么问题,设计师也要坚信是有机会做出更好的设计创新的!

第五节　Not 挖掘用户,Yes 挖掘场景

说到研究用户,你会想到哪些用户信息呢?

大部分人想到的就是用户的性别、年龄、职业、收入等统计性信息。但相对而言这些信息的价值并不是很高,因为它们都是脱离于问题场景的一般性信息。真正有价值的信息是用户在问题场景下所表现出来的一些特征信息。

一、案例:健身毛巾的设计

人们对健康的关注度越来越高,去健身房锻炼的人也越来越多,如下案例是关于健身毛巾的设计。

请你站在用户的视角思考健身毛巾该如何设计,估计你会围绕用户提出如下问题:

- 用户的性别是男还是女?
- 用户的身高和体重是多少?

- 用户是否爱出汗？做什么项目时爱出汗？大概会流多少汗？
- 用户什么时候需要擦汗？多大的毛巾能够满足用户的擦汗需求？
- 如何避免交叉感染？
- ……

接下来看看德国的 TOWELL$^+$ 健身毛巾的设计带给我们的启发。

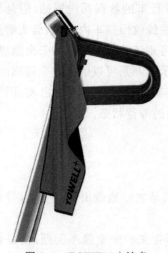

图 2.7　TOWELL$^+$ 健身毛巾的磁吸设计

首先,设计师观察到健身房当中的很多健身器材都是铁的,便在 TOWELL$^+$ 健身毛巾上面设计了一块小磁铁以让其可以吸附在健身器材上,如图 2.7 所示,这样用户便不用随手将健身毛巾搭在健身器材上,健身毛巾也不至于随着健身器材的振动而掉到地上。

其次,用户在健身时既要擦自己的汗也要擦其他人在健身器材上留下的汗渍。用户往往需要准备两条毛巾,并且不能把这两条毛巾弄混。因为其他人很有可能会有一些皮肤的炎症,为了避免交叉感染,用户还是准备两个容易区分的毛巾为好。但是携带两条毛巾会给用户带来很大的麻烦,同时两条毛巾在拿来拿去的过程当中也难免会碰在一起,交叉感染还是有可能发生的。TOWELL$^+$ 健身毛巾很巧妙地将毛巾设计成一个口袋的形状,这样可以很方便地将毛巾套在健身器材上面,如图 2.8 所示。口袋的内侧可以用于擦去其他人留下的汗渍,外侧则可以用于擦自己的汗。这样毛巾的正、反两面是不会接触的,而且它能够很好地适配大部分健身器材的形状。并且毛巾两面的材质要求也是不一样的,接触皮肤面(外侧)要求柔软吸水,接触设备面(内侧)要求稳固不打滑。

接触皮肤面柔软吸水　　　　　接触设备面稳固不打滑

图 2.8　TOWELL$^+$ 健身毛巾的双面擦汗设计

　　另外,TOWELL$^+$ 健身毛巾还设计了一个储物袋的功能,如图 2.9 所示。用户可以把钥匙和手机等一些随身的物品放在里面。并且用户操作手机时也不用把它拿出来,隔着网格就可以完成各种操作。

图 2.9　TOWELL$^+$ 健身毛巾的储物设计

从 TOWELL⁺ 健身毛巾的设计中,我们能够感受到设计师的心思没有仅仅停留在用户擦汗这样的一个需求上,而是通过充分地考量和利用健身场景中各种器材的特征,来实现自己的设计创新。这就启发设计师从场景的整体上来挖掘和探索设计创新的可能性。

二、不能只看到用户

不能只看到用户有两层意思。

第一层意思是指设计师不能只看问题场景中的用户,同时还要探究问题场景的整体环境以及场景当中存在的其他产品和其他利益相关者。比如,对于其他人的汗渍所带来的交叉感染的风险,设计师如果能够考虑到在健身房这个场景当中还存在着健身房经营者这样的一个角色,也许就会提出由健身房经营者提供酒精等消毒产品的想法,从而解决这样的一个问题。

第二层的意思是指设计师在做设计的时候,一定要明白自己的设计目标是实现设计创新。而创新的实现是有多种途径的,相关的竞品和设计趋势等都有可能启发设计师实现设计创新,不是只有用户的需求和痛点才能带来创新的机会点。TOWELL⁺ 健身毛巾这个案例同样能给设计师带来很多启发。

三、问题要从场景来挖掘

从场景的视角进行挖掘,设计师会注意到人与场景的互动关系及场景中物品的互动关系。TOWELL⁺ 健身毛巾中吸铁石的设计,就是因为设计师注意到了健身器材大都是铁的属性,如果设计师只关注用户,健身器材的属性很有可能会被忽略。所以,场景的整体是设计师要挖掘的对象,因为场景包含了 3 个要素:环境、产品和人。用户只是场景中的一个子要素。

环境:环境特征不仅包括时间和空间等物理特征,还包括气味、光线、空间的封闭与开放程度等特征。

产品:不仅包括具有物理空间的实体产品,还包括软件类的产品、App 类的产品、服务类的产品等无形的产品。

人:用户只是人这个要素当中的一类人群,人还包含着除用户之外的其他利益相关者,他们对于问题场景的影响也是我们不能忽视的。

第六节　Not"先研究,再设计"的线性思维,
Yes"先设计,再研究"的迭代思维

先研究还是先设计并不是方法、流程层面的事情,而是意识层面的事情。大部分

人在没做充分的用户研究时,是无法安心地推进设计方案的,因为他们在潜意识中就不接受这样的逻辑。

一、设计思考:先有鸡还是先有蛋?

提出"先设计,再研究"这样的设计意识是容易的,但是要想人们完全认同它还是有难度的,因为这里会出现一个"先有鸡还是先有蛋"的问题。毕竟要求设计师在进行用户测试之前就提出一些解决方案,这似乎有些难为设计师!

"先有鸡还是先有蛋"的问题看起来很尖锐、棘手,但这只是因为在线性的逻辑思维模式下思考这个问题,而如果在快速迭代的思维模式下思考这个问题,答案其实就不那么重要了。

下面这个游戏大家应该都玩过:甲在心里想一个1~100的数字,乙则去猜测甲心中想的这个数字是什么。乙每次给出自己猜测的数字后,甲要告诉乙这个数字是大了还是小了,如果乙猜对了,则甲就告知乙猜对了。

面对这样的一个游戏,乙可能会采用以下两种游戏策略。

第一种策略:先研究甲喜欢什么样的数字,然后再根据研究结果去猜测。

第二种策略:从50这个中间数猜起,在得到甲的反馈以后再从剩下数字的中间数接着猜;以此类推,后面都猜中间数。

上述两种策略你会采用哪种呢?估计大部分人会采用第二种策略。

第一种策略从逻辑上理解是比较容易让人接受的,但是在操作时你会发现很难。因为你在研究后很可能会发现甲也不知道自己喜欢什么样的数字。即便你找到了甲喜欢的数字,那么甲最先想到的就一定是他喜欢的数字而不是他讨厌的数字吗?

反观第二种策略,你最开始猜测的50这个数字很可能距离目标数字很远,但是这并不重要,也不会给你带来很大的心理压力,因为你知道通过接下来的几个中间数字以及甲的反馈,你会逐渐地逼近自己所要找的那个目标数字。这就是迭代思维的力量,它跟第一种策略的"先研究,再解决问题"的线性思维是完全不一样的。

二、先研究还是先设计?

"先研究,再设计":设计师因为对于用户不是很了解,所以先通过观察、访谈、问卷调查等一些用户研究的方法来了解用户,在充分了解用户的需求和痛点以后,再有针对性地设计解决方案。"先设计,再研究":设计师先尝试设计一些解决方案,然后对用户进行测试和研究,最后根据测试和研究的结果进行后续方案的迭代。

虽然两者都对用户进行了研究,但它们的底层逻辑是完全不一样的。"先研究"是设计师通过研究来确定后续设计方向的;"先设计"则是设计师在主动设计出一些方案以后再对用户开展测试和研究的。对于结构不良问题,你是无法仅通过研究就弄清楚的,或者说,结构不良问题的结构是藏在解决方案中的。

提出"先设计,再研究"这样的设计意识有一点点矫枉过正的意味。毕竟"先研究,再设计"的理念深入人心,也很契合人类的大脑逻辑了。但是面对创新性的结构不良的设计问题,还真的就不能这样做。

大多数人在潜意识中存在这样一个逻辑:先把问题研究清楚,再去解决问题。这个逻辑对于结构良好的问题是合理的,但对于结构不良问题则意义不大。因为结构不良问题的结构是研究不清楚的,其是在解决的过程中逐渐清晰的。潜意识中的先把问题研究清楚的逻辑,会让设计师在前期耗费大量的时间在成效不大的研究上。

注意,"先设计,再研究"并不意味着设计前期一点研究都没有,而是要缩短前期的研究时间,把研究的重点放在后期结合设计方案的用户测试研究上。艾伦·库伯等人在《About Face 4:交互设计精髓》[4]中谈到用户访谈时指出:若对于每一类用户都找到了 6 个典型用户,则只用一个小时的访谈时间,就足以收集必要的用户数据。基于此,我们主张对用户有一个初步的了解就可以了,设计师可以通过设计解决方案来了解问题和用户,再在接下来的用户测试中进一步地迭代设计方案。

不要小看"先研究,再设计"这个潜意识,这个潜意识蕴含着非常强的逻辑推理思维,对于非逻辑的发散思维会起反作用,且设计师很容易被限定在原有问题的框架内,而找不到突破问题框架的创新可能性。为了对抗这个潜意识,作者有些矫枉过正地提出了"先设计,再研究"的设计意识。

三、设计策略的迭代

上文提到的游戏中还有一个非常重要的点,就是 50 这个中间数字。

使用中间数字其实是一个比较稳妥的策略,其兼顾了效率和准确性。但其实你也可以使用 1/3 数字的策略,比如,乙猜的第 1 个数字是 33,如果甲告诉你,他心目中所想的数字比 33 小,那么乙就比猜 50 这个中间数字更加快速地逼近了目标数字。当然如果乙猜错了,1/3 数字的效率就比中间数字的效率低一些。所以 1/3 数字的策略是一个更为激进的策略。

那么应该选择中间数字和 1/3 数字中的哪个呢?这实际上是需要有其他信息做辅助的,并通过迭代来调整策略。挖掘有价值的相关信息并通过迭代调整设计策略是设计师的一个专业素养。提升这个素养的关键在于"先大胆设计,再小心研究",只有进行大胆的设计才有可能挖掘出各种有价值的信息,再通过小心地研究确认哪种信息更有价值。只有不断地进行这样的迭代,设计师才会获得对问题有洞察力的认知。

第七节　Not 名词,Yes 动词、形容词(本质意识)

一、设计游戏:画外星人

请你用 10 分钟的时间画一个外星人。在画的过程中不要有任何顾虑,想到什么就画什么。同时,找几个你身边的朋友,让他们也用 10 分钟画一个外星人。最后请你看看大家所画的这些外星人有什么异同。

本质意识

二、游戏解析

看完所有人画的外星人,你可能会发现它们有一个共同的特点,即它们都很像地球上的生物!

1. 固有概念对思维的限制

为什么大家画的外星人会很相似呢? 这是因为固有概念对于人们思维产生了一定的限制。

外星人是一个在我们现实生活中并不存在的事物,但它又是我们可以想象的事物。所以人们只能把自己的生活中的各种事物加以适当的"异化",形成了外星人的"原型"。而这些"原型"实际上就是你的生活经历在头脑中形成的各种与外星人相关的"固有概念"。

用"固有概念"进行沟通和交流是人类所特有的一种能力,它能帮助我们快速地传递信息、进行沟通和交流,典型的例子是当两个人提到一个都认识的人时不用费力地把他所有外貌特征描述清楚,只用说出他的名字,对方就知道你说的是谁了。所以利用概念进行沟通给我们的生活带来了很大的便利,但我们也不得不意识到,这些固有概念对创造性思维是一种限制。

2. 少用名词,多用动词/形容词

知道了固有概念对思维的限制后,该如何突破它?

建议在分析与描述问题时**少用名词,多用动词、形容词**,这有助于我们发散思维和发现问题的本质。

比如,说到"桌子"这个名词时,你很有可能想到的桌子形象是一个桌面再加几个支撑腿。

如果你把桌子描述为支撑你写写画画的一个东西,你会发现图2.10所示的这把椅子也是一张桌子。

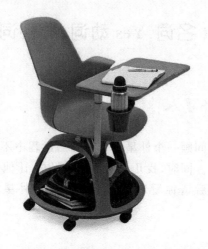

图2.10　Steelcase 的 Node 教室椅

三、案例分析:诺基亚的手机为什么失败了?

2014年4月26日,在诺基亚芬兰的总部外,"NOKIA"标志被"Microsoft"标志替换,诺基亚公司正式被微软收购。当时,诺基亚的 CEO 约玛·奥利拉在记者会上公布被收购的事实,并说了这样一句话:"我们没有做错什么,但不知道为什么我们输了。"在场的几十位诺基亚高管听后潸然泪下。[5]

诺基亚的手机为什么失败了?

你的答案可能是:诺基亚的手机不能安装 App!没有触摸屏!不够智能!……实际上,这3件事诺基亚都尝试做了。诺基亚手机的塞班系统是支持安装 App 的,虽说它运行慢了一点,但当时没有多少 App 是需要系统运行速度很快的。诺基亚也曾经尝试过研发触摸屏,但用户在体验以后,说触摸屏的感觉并不好,更喜欢实体按键。第一代的 iPhone 触摸屏键盘操作给人的感觉也并不是很好的,它在2007年刚刚上市时得到的评价多是负面的。结果大家都知道苹果坚持了下来,诺基亚却放弃了触摸屏。到底是什么让两家公司做了完全相反的选择?其实本质上还是两家公司对手机的理解不同。

诺基亚对手机的认知被限定在了"手机"这个名词上,没意识到手机是传递信息的工具。

手机这个名词背后隐含的固有概念就是手机必须包括屏幕和键盘,设计师很难想到拿掉键盘。所以,在第一代 iPhone 上市时,诺基亚的全键盘手机把屏幕和键盘放在同等重要的位置,让其各占据手机正面的一半。而仔细思考"传递信息"这个动词便会发现,在移动互联网时代,人们在使用手机时主要是从互联网上获取信息,而不是向互联网输入信息。iPhone 拿掉键盘(输入信息)而让屏幕显示信息的面积最大化(获取信息)是合理的,也更能让手机契合移动互联网时代的本质特征。

设计师要有意识地跳出名词中隐含的固有概念的限制,用动词和形容词帮助自己探寻问题的本质。

从某种角度来说,设计师的作用是设计出让这个世界不一样的产品,这些产品通过市场优胜劣汰。诺基亚和苹果都在做自己认为对的事情。并不是苹果的出现让诺基亚衰败,两者之间没有因果关系,而是苹果设计的手机刚好适应了新的时代,于是市场就选择了苹果。即便没有苹果,也会出现别的公司。因为新的时代一定会催生出新的、不一样的产品和企业。

第八节　面向未来趋势的"好的意识"

设计的具体任务会让设计师聚焦于设计的细节,优秀的设计师要不断提醒自己摆脱设计细节的羁绊,有意识地思考设计的发展趋势。

一、设计思考 1

1. 思考的问题

请思考下面两个问题,并尝试按照自己的理解进行回答:

第一,微信靠什么盈利?

第二,奔驰汽车靠什么盈利?

下面是 Chat GPT 给出的答案。

微信是中国腾讯公司旗下的一款即时通信和社交媒体应用程序,其盈利主要包括以下几个方面。

① 广告收入。微信通过在其平台上展示广告来获取收入。这些广告包括在微信朋友圈、公众号文章等中显示的广告。广告商可以通过购买广告位向微信用户推广产品和服务,但需要向微信支付广告费用。

② 游戏收入。微信平台上有大量的游戏应用程序,用户可以在微信内部玩游戏。微信从这些游戏中获取一部分收入,包括游戏内购收入、广告合作收入以及与游戏开发商的分成收入。

③ 企业服务收入。微信提供了企业级服务,包括微信公众号、企业微信等。企

业可以通过这些服务与用户进行沟通、推广产品和提供客户支持。微信向企业收取一定的服务费用。

④ 其他增值服务收入。微信还提供其他一些增值服务,如微信表情包、个性化主题、会员权益等,用户可以通过购买这些服务来提升其使用体验,这可以为微信带来一定的收入。

需要注意的是,微信的具体盈利模式可能会根据地区和市场的不同而有所差异。上述列举的是在一般情况下微信盈利的主要来源,但其具体的财务数据并未公开披露。

梅赛德斯·奔驰(Mercedes-Benz)是梅赛德斯-奔驰集团股份公司旗下的豪华汽车品牌,其盈利主要来源于以下几个方面。

① 汽车销售。奔驰通过销售各类豪华汽车获取了主要利润。他们提供多款车型,包括 SUV、跑车和货车等。这些车型在全球范围内销售,并且受到许多消费者的青睐。

② 服务和配件。奔驰还通过销售汽车零部件和提供售后服务来实现盈利。他们经营着售后服务网络,为车主提供保修、维修、保养和其他相关服务。此外,他们还销售品牌授权的配件,以满足消费者的需求。

③ 汽车融资和租赁服务。奔驰提供金融服务,包括汽车融资和租赁服务。他们为客户提供购车贷款、租赁计划和其他金融解决方案,以帮助他们购买或租赁奔驰汽车。通过金融服务,他们可以从利息和租金等方面获取利润。

④ 技术合作。奔驰拥有先进的汽车技术,可以通过与其他汽车制造商进行技术合作或与其他汽车品牌共同开发新技术获取利润。

⑤ 品牌授权。奔驰具有很高的知名度,可以通过授权其他公司使用其品牌和标识获得收入。

这些都是奔驰盈利的主要来源,其依靠汽车销售、售后服务、金融服务和技术合作等多个业务的收入来保持盈利能力。

2. 微信和奔驰不同的盈利方式说明了什么?

用户在使用微信的过程中留下了大量的行为数据,微信可以根据这些数据精准地了解用户的喜好和特征,即得到了精准的用户画像。有了精准的用户画像,便可以进行精准的广告投放和游戏推广。奔驰的盈利则主要是通过售卖产品、配件和服务来实现的。所以可以将微信和奔驰的盈利方式简单地总结为:微信是靠售卖数据盈利的;奔驰是靠售卖产品盈利的。

面对这两种不同的盈利方式,设计师的工作内容也产生了很大的变化。对于微信这类的产品,设计师的主要任务是让用户在产品中产生更多的交互行为、留下更多的数据,以得到更精准的用户画像;而对于奔驰汽车这类工业化的产品,设计师的主要任务是让产品变得更美、更好。

但未来的汽车/产品该如何设计? 特斯拉汽车采用的思路和微信的思路类似。

在 2023 年特斯拉第一季度的财报会议上，其首席执行官马斯克直接表示："特斯拉能够零利润出售旗下车型以换取更高的销量。"更高的销量将意味着更多的数据积累，最终让特斯拉实现"硬件保本，软件赚钱"的目标。未来特斯拉的完全自动驾驶完全自动驾驶（FSD，Full Self-Drive）将提供不同等级的服务，用户为享受这些服务将会按月支付一定的费用。所以未来特斯拉售卖的将不再是汽车这些实体的产品，而是与之相关的数据。

到这里设计师要意识到未来的产品是数据导向的。设计师设计的重心是让用户在你的产品上积累/交互出更多的数据。

二、设计思考 2

1. 思考的问题

图 2.11 为 4 款松下的剃须刀示意图，请尝试对它们的价格排序。排序所用时间不要太长，花费 2~3 分钟即可。

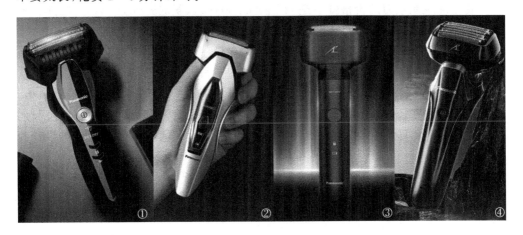

图 2.11　4 款松下剃须刀

2. 4 款剃须刀说明了什么？

请反思一下你排序时的思路。

剃须刀是典型的以功能为导向的产品。其外观造型设计主要是为了突出强大的剃须功能。例如，飞利浦和博朗的剃须刀机身较为粗壮，以此来突出其剃须功能的强大。而松下的剃须刀很好地体现了日系产品的特征——小巧且精致，但为了体现剃须功能的强大，大部分松下的剃须刀都采用了较为复杂的流线型设计。这是剃须刀这类产品当前两种主要的设计趋势。

总体来看，图中剃须刀 1、2 和 4 的设计风格是比较相似的，它们都用了较为复杂的流线型曲线，但使用的材质不同。1 用了钢琴烤漆的高反光材质，在体现了精致感的同时增加了一定的高贵气质；2用了大面积的金属材质，给人以某种机甲的感觉，很符合年轻人的喜好；4相对前两者更为低调，但体量感更大，刀头数量更多，有一种沉稳霸气的感觉。这些都是松下剃须刀传统且典型的设计手法。

3的设计风格与其他3款明显不一样，它的外观采用了更简单的几何形体，不再采用复杂的流线型设计，这与松下的传统设计风格很不同。但它依然保持了日系产品小巧、精致的感觉。

为什么松下会推出这样一款突破传统风格的造型设计？它的价格应该处在怎样的位置才是合理的？

第一代的iPhone将智能手机的形态定位成简单的几何形体。随着苹果一系列成功产品的推出，智能科技类产品的造型设计都逐渐喜欢采用简单的几何形体。正是在这种趋势的影响下，松下在2020年4月推出了这款"小锤子"造型的剃须刀4。并尝试用简单的几何形体体现产品的智能科技感。考虑到对智能科技类产品感兴趣的人不会是太老的人，也不会是太过年轻的人。所以，"小锤子"这款剃须刀所对应的细分用户应该是年轻的精英阶层，这也决定了其价格偏高端但不是最高端。

最终，4款剃须刀的价格排序是：2（￥269.00）＜1（￥369.00）＜3（￥559.00）＜4（￥3 299.00）（2023年京东"618"的价格）。

你的排序是否准确并不重要，重要的是你在排序的过程中有没有意识到一些新的设计动向，即简洁的设计风格正在成为高端智能科技类产品的典型特征。我们从苹果的各类产品、特斯拉的电动汽车、戴森的吹风机等中都能看到简洁的设计风格。这主要还是因为信息社会中信息的复杂程度已经超出人类认知所能承受的范围，人们在下意识中会期待周围的事物更简洁一些。设计师一定要意识到这是当前设计的一个重要趋势。

对于类似的这种公认的趋势，我们称之为"好的意识"，设计师要在各种设计实践的过程中不断地积累"好的意识"。

第九节　设计意识的总结

设计师必须意识到设计意识很重要！因为设计意识向下指引设计思维和设计行为的正确性，以避免设计师在错误的方向上越努力越错；同时，设计意识向上指引未来设计趋势向好的方向发展，引导设计师紧盯最新的设计动态。

本章讲解了7个设计意识。

设计意识1：Not以用户为中心，Yes以设计师为中心。

设计意识2：Not解决问题，Yes理想状态（未来意识）。

设计意识3：Not被动设计，Yes主动设计。

设计意识4：Not挖掘用户，Yes挖掘场景。

设计意识 5：Not"先研究，再设计"的线性思维，Yes"先设计，再研究"的迭代思维。

设计意识 6：Not 名词，Yes 动词、形容词（本质意识）。

设计意识 7：面向未来趋势的"好的意识"。

这 7 个设计意识可分为以下两类。

一、对 的 设 计 意 识

关于每个设计意识，不仅要清楚地知道这个设计意识是什么，还要清楚地知道它不是什么。所以本书中每个设计意识都使用了"Not ⋯⋯Yes⋯⋯"的形式表述。前 6 个设计意识均属于对的设计意识。

设计意识 1 是为了对抗"以用户为中心"的设计理念，这个设计理念在实际的设计过程中将设计师的视野限定在用户，会导致设计师过于遵从用户的需求。设计初学设计者如果不改变这个认知，会忽略竞品和发展趋势等其他因素中所蕴含的创新机会点。为此本书提出了第 2 个设计意识：设计师不仅要解决用户的需求，还要探寻事物本应存在的最理想状态。这便需要设计师跳出问题场景，从理想状态的视角思考问题。设计师在这样做的时候，便从被动地根据用户需求进行设计，转换为以设计师为中心进行主动设计，设计师的设计视野也将更加开阔，其实现突破性创新的概率也会更高（设计意识 3），最终实现"以设计师为中心"的设计理念。

由于用户相对于产品和环境是非常鲜活的，因此人们会在潜意识中只关注用户，而忽略产品和环境是用户需求产生的基础和背景。脱离场景而谈用户都是抽象的和无法评判的，为此要求设计师意识到不仅要挖掘用户，还要挖掘场景。这便是第 4 个设计意识的存在意义。

第 5 个设计意识根据设计问题的结构不良特征，提出了"先设计，再研究"的迭代思维，以此来打破人们"先研究清楚问题，再开始解决问题"的惯性思维。这个设计意识对于设计实践的指导意义非常大，因为很多人并不清楚问题是在解决的过程中才被弄清楚的。只有认同了这个设计意识，人们才敢在问题的模糊框架内进行探索。

第 6 个设计意识要求设计师在分析与描述问题的时候多用动词和形容词，而少用名词。这样有助于设计师跳出固有概念的限制。这看起来似乎是对一个方法的讲解，但这个意识的关键是提醒设计师各种潜意识中的固有概念会对设计创新产生负面影响。

上述这些设计意识主要是针对设计初学者存在的意识盲区而提出的。

二、好 的 设 计 意 识

设计师会通过对未来发展的敏锐观察和对未来趋势的大胆判断，提出一些其认为符合未来发展方向的好的设计意识。这些好的设计意识能够指引设计师的设计方向，是设计师通过进行持续性的深入思考和设计实践积累而得来的，它能带给设计师一些具有前瞻性的设计意识。

前文设计意识 7 中所讲到的以数据为导向的设计和简洁的设计风格融合了很多设计师的个人主观判断。这些判断并不一定有非常充分的理论支撑,甚至很多时候就是设计师的个人感觉。但设计师不能因此就忽略它们的存在,要不断地要求自己,大胆地提出未来的设计趋势。设计师要让这些判断保持在动态成长的状态,因为随着新信息的输入,设计师会有新的理解和认知,需要不断地修正之前的判断。

设计师要有意识地提醒自己对各种设计新品、设计趋势做出自主判断,且这些判断不必有非常坚实的理论基础,设计师只需通过设计实践去验证它即可。

本章参考文献

[1] 津巴多,约翰逊,麦卡恩. 普通心理学[M]. 傅小兰,等译. 8 版. 北京:人民邮电出版社,2022.

[2] 《马克思主义哲学》编写组. 马克思主义哲学[M]. 2 版. 北京:高等教育出版社,2020.

[3] Norman D A,Draper S W. User centered system design:new perspectives on human-computer interaction [M]. New Jersey:Lawrence Erlbaum Associates,1986.

[4] Cooper A,Reimann R,Cronin D,et al. About face 4:交互设计精髓[M]. 保卫国,刘松涛,薛菲,等译. 北京:电子工业出版社,2020.

[5] 诺基亚:我们并没有做错什么,但我们输了,感谢你为中国做的贡献[EB/OL].(2018-07-30)[2023-01-05]. https://baijiahao. baidu. com/s? id = 1607327696872435620&wfr=spider&for=pc.

第三章　设计思维模式

　　思维模式是人们思考问题的方式。它并不是指具体思考问题的方法,而是指以怎样的思维特征去进行思考。比如,设计师可基于理性的逻辑思维进行思考,也可基于感性的逻辑思维进行思考。

第一节　创造与评价相分离

　　参与过头脑风暴的人应该都知道"创造与评价相分离"原则。这是设计思维的理论基础。但大部分人都容易下意识地一边创造一边评价,很难将两者分开。为此,请你尝试下文的设计游戏。

一、设计游戏:涂鸦与鱼

鱼与渔

　　游戏第一关:请在 10 分钟之内,以简笔画的形式在 A4 纸上画出尽可能多的、形态不一样的小鱼。

　　游戏第二关:拿出几张新的 A4 纸,用 5 分钟的时间在纸上胡乱地画各种线条(直线和曲线都可以)。画的过程中不要有太多的思考,随意地画、画的线条越乱越好。画完以后用 5 分钟的时间在纸上面寻找有可能是小鱼形态的线条,并在合适的位置添加鱼头和鱼尾,如图 3.1 所示。

　　游戏反思:统计一下两次分别画出了多少条小鱼? 并反思在两次画小鱼的过程中,哪一次让你的压力更大?

图 3.1　涂鸦小鱼

二、两种思维模式

1. 两种设计思路

这个游戏反映了两种设计思路。第一种思路是想设计什么就直接进行设计。第二种思路是将设计的过程分为两步:先涂鸦(随意设计),再通过审视来挑选符合要求的设计成果。这两种不同的设计思路反映的是两种不同的思维模式。

第二种思路便是设计思维中最重要、最基础的思维模式:**创造与评价相分离。**在这里推荐一部 CG 动画设计教学片,它是由有着"CG 设计行业的麻省理工"之称的Gnomon 公 司 制 作 的,其 中 有 一 个 视 频 的 名 字 为"Gnomon Creature Design Illustration-Nick Pugh 1",该视频中的内容是 Nick Pugh 讲师讲授如何富有创造性地设计外星飞行器。整个设计过程明确分为创造与评价 2 个阶段:在第一个阶段,Nick Pugh 在一张张的白纸上飞快地涂鸦,这样足足画了近半小时的时间;在第二阶段,他会挑选一张自己认为有潜力的涂鸦稿,再将一张白纸附在涂鸦稿上面,依托白纸透过的涂鸦线条开始寻找对构建外星飞行器有意义的线条,最终结合这些线条进行再创造,直至一艘极富想象力的外星飞行器跃然于纸上。这整个过程跟第二种画小鱼的思路是一样的。

2. 创造与评价要分离的原因

将创造与评价相分离可以保障思维流畅地发散。创造是在探寻新的可能性,是思维发散的过程;评价是在多种可能性当中挑选出最好的,是思维聚敛的过程。思维的发散和聚敛是不可能同时发生的,不断地评价会干扰思维发散的流畅性。

　　将创造与评价相分离还可以有效减少人在创新过程中的压力。心理学研究了人的创造力与压力的关系[1],如图 3.2 所示:初期创造力随着压力的增加而提升,但当压力达到峰值以后,随着压力的增加创造力会快速下降。这是有些运动员在平时训练的时候成绩很好,但在真实比赛的时候却发挥不出来实力的原因。这种创造力的下降在游戏第一关的后半段时间会比较明显。但在游戏第二关的时候,你在涂鸦时是不会有压力的,因为没人评价涂鸦的好与坏;而在线条当中寻找小鱼的时候,你所面临的压力也不大,甚至可能会有些许的乐趣,因为你是在按图索骥而不是在创造,此时你的心理压力状态是非常有利于创新的。

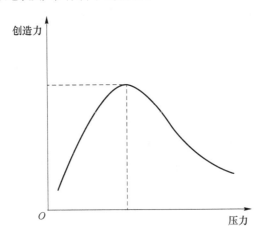

图 3.2　创造力与压力的关系曲线

三、头脑风暴组合拳

头脑风暴 1

　　头脑风暴是一种能产生大量创意的方法。这一方法是由美国创造学和创造工程之父、美国 BBDO 广告公司创始人亚历克斯·奥斯本(Alex Faickney Osborn)首创的。"头脑风暴"原意是指精神病患者的胡思乱想,而奥斯本将其定义为思想自由奔放、打破常规、创造性地思考问题的方法。

　　目前人们对于头脑风暴这一方法褒贬不一,有人认为其很好地解放了人的思想,但也有人认为其过于天马行空,产生的很多想法不切实际、很难应用到实际问题的解决过程中。出现这种问题的主要原因就是没有很好地将创造与评价很好地分离。

1. 准备阶段

1) 对问题的提前了解

主持人一般要提前 2~3 天通知参与者头脑风暴的问题,以保证每一个参加者都对头脑风暴的问题有一定的了解。主持人可以提醒参与者要提前对问题场景的宏观和微观两个层面进行了解。

2）问题的陈述

对于要解决的问题，主持人要进行描述，但描述时要注意不能暗示解决方案，比如"设计一个用气压弹簧调节办公桌高度的支架"；不能太以现有产品为模板，如"设计一个像×××品牌的办公桌置物架"；不能用太宽泛的词，如"设计一个办公产品"。

正确的问题陈述中应该包括用户的特征、用户所面临的问题场景和用户的期待，如"为程序员设计舒适、整洁的办公环境及其周边产品，以提高其工作效率同时减少程序员的职业病"。

需要注意的是太过于专业的问题是不适合用头脑风暴这一方法解决的，如"如何做一个眼部的高精细手术"这类非常专业的问题，因为一般人对于专业问题是没有发言权的。

3）图片、词语的刺激

主持人可以事先准备一些与头脑风暴问题相关的词汇，如技术热点词、网络热词、与目标用户相关的词、表示动作的词、表示环境氛围的词、表示情绪的词，等等。然后，主持人可以用这些词在网上搜索相关的图片。

这些图片、词语刺激不是每次都一定要用的，当参与者遇到瓶颈时，可以将这些图片和词语呈现给他们，帮助他们转换思路。

主持人如果希望能在某些方向上得到更多的想法，也可以用这些刺激来引导头脑风暴的走向。

4）人数的控制

头脑风暴的人数没有下限，只有上限，哪怕你自己一个人也可以"头脑风暴"一下的。事实上很多设计师的思考过程就是一个与自我对话的头脑风暴的过程。

头脑风暴人数的多少是与问题的需求相关的。如果需要多种观点的碰撞，那么人数就需要多一些，人们之间专业背景也需要尽量不一样。如果问题比较明确，甚至需要人们具有一些专业背景，那么人少一些也没有问题。在一般情况下，人数最好控制在5~9人，人不要太多，也不要太少。人太多时，每个参与者都陈述自己的想法会导致头脑风暴的整体时间较长，参与者后期的注意力不容易集中，容易疲劳；人太少时，产生的想法过少，每个参与者的压力过大。

5）时间的控制

头脑风暴的时间在1小时左右，若时间太长，人很难一直保持注意力集中。如果需要两轮的头脑风暴，则时间可以延长到1.5小时。

头脑风暴的关键是让人们在短时间内兴奋起来，让人们的大脑高速运转，这样才有可能产生有价值的想法，而不是没想法硬拿时间在那熬着。所以头脑风暴的时间不要太长，如果问题解决得不太理想，可以在把问题转换一下后再做一次头脑风暴，千万不要勉强参与者，一直拖延时间。但在规定时间内主持人要不停地激励参与者提出新的想法。

2. 热身阶段

热身活动相当于一个仪式,让参与者彻底结束前面的工作,以把精力集中到当前的问题上。最简单的热身活动是出点简单的算术题,让参与者算一下。如果大家相互不太认识,那么可以让大家做一下自我介绍。

热身以后,主持人可以再把头脑风暴的问题描述一下,这次描述的内容甚至可以与前几天告诉大家的内容稍有不同,这样会更容易激发参与者的热情。

3. 发散阶段

这一阶段便是让大家放开手脚、天马行空地思考,并一定要坚持"数量为先"的原则。

头脑风暴 2

为此,主持人要通过转换目标的方式,来**将"评价"从思维发散的过程中分离出去**,比如主持人要不停地激励大家在规定时间内想出 100 个创意。设定 100 这个数字是很有意义的,因为不论主持人怎样强调"数量为先",参与者潜意识中的目标还是要得到"好的"创意,"好"就是下意识中的评价。有了 100 这个数字后,"想出 100 个创意"就成为参与者当下的目标,创意好不好就不再是其目标了。

如果时间允许,主持人可以在创意数量达到 100 个以后突然提出,每个人需再想出 3 个创意。主持人在这一阶段的任务就是不停地激励参与者,引导他们想出更多的创意。主持人如果注意到参与者进入了瓶颈期,则可以拿出事先准备好的词汇和图片来尝试引导大家从儿童的视角、动物的视角、物体的视角等新的视角来审视问题。注意,一定要在创意达到数量后再进入下一阶段。

参与者一般把头脑风暴的想法写在便利贴上面,所用文字要简洁、明了,要让别人一眼就看明白这些想法。写想法的笔最好是粗一些的白板笔或者马克笔,这样当便利贴被贴到墙上以后,人站在远处的时候还能看清楚。之所以要人站在远处来看所有的创意,是因为那样人更有全局观,更能看出事物间的联系和布局,这一点对下一阶段的思维汇聚至关重要。

下面介绍 3 个思维发散的方法。

奥斯本设问法:运用 9 个设问句,分别从能否他用、能否借用、能否改变、能否增扩、能否缩减、能否代用、能否调整、能否颠倒、能否组合等 9 个方面来引导人们思考如何对现有问题进行改变,从而形成新的构想或发明。

身体风暴:先搭建一个问题的环境,让参与者假想置身于问题场景中,并扮演用户来体验用户看到了什么,拿到了什么,得到了怎样的反馈,有什么需求,有怎样的期待,……当用户真置身于问题场景中时,他就开始有想法了。

接龙风暴:每个人有一些创意以后就可以把写好创意的便利贴贴在墙上,不要解释!其他人随便看,再根据自己的理解尝试在这个便利贴下面写出新延展出的创意。

由于每个人的阅历不同，因此其对同样的文字和图片会有不同的解读，甚至有时会产生完全相反的理解，这种效果正是头脑风暴所需要的。

4. 汇聚阶段

汇聚阶段是从每个人展示自己的创意开始的，一个人在把自己的创意贴到墙上时可以稍作解释，其他人如果有类似的想法可以马上把自己的创意贴在旁边，直到这个人把他所有的创意讲完后下一个人再开始讲，依次进行下去。

头脑风暴 3

当所有人都讲完以后，给大家一点时间，让大家站在远处来观看所有的创意，以让大家形成一个整体的印象。

接下来每个人都开始尝试对所有这些创意进行分类和汇聚，并用便利贴写下分类名称。此时不同的人会有不同的分类标准，不用强求大家的分类标准一致，关键是要让这些创意没有很多的重叠。当每个人都有了分类标准以后，每个人依次讲一下自己的分类标准，然后大家看看哪些分类标准更有效。注意不要追求各个分类标准之间的逻辑关系，只要能分类清楚就可以了。

5. 针对问题具体细节的头脑风暴阶段

当问题比较简单时，进行一轮头脑风暴就有可能找到理想的解决方案了。但在大多数情况下还需要针对前面所发现的"关键点"再进行一轮快速的头脑风暴。当然也可以把这些"关键点"作为下一次头脑风暴的起点。

6. 评价阶段

1）点赞

点赞是让所有人用点赞的方式选出大家最认可的创意，这是简单且高效的评价手段。具体执行方案可以是给每个人发一些代表点赞的"红点"，然后让每个人把这些"红点"贴在自己认可的便利贴的旁边。

点赞的时候建议设置权重，比如项目的直接责任人拥有更高的权重（更多的红点）。

2）X 可行性矩阵（图 3.3）

这里推荐用 X 可行性矩阵来进行评价。X 可行性矩阵实际上就是一个类似知觉地图的矩阵，其中一个轴线是"可行性"，另一个轴线中的 X 可以根据需要来确定，在一般情况下是"创新性""有趣""吸引人""高品质"等。

对于头脑风暴，不要简单地把它理解为一系列的流程和方法。前面发散阶段的质量是头脑风暴的核心，这里的关键是如何把评价从发散当中剥离出去。头脑风暴的主持人一定要在准备阶段多做一些准备，引导参与者在发散阶段发散出尽可能多的想法。

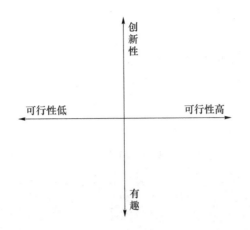

图 3.3　X 可行性矩阵

在评价阶段评价标准的选择过程是一个逐渐清晰的过程,尝试用多种评价指标进行评价是一个有益的尝试,人们很难一开始就找到真正关键的评价指标。

要想掌握头脑风暴方法,必须不断地练习,其中牵扯了很多思维模式的转变,大部分人都很难在一开始就做到将创造与评价合理地分离。

第二节　进行有规律的尝试

一、设计游戏:"纸桥"设计

"纸桥"设计挑战赛(图 3.4)是富有挑战性的! 请先看清楚要求,再动手实践。

"纸桥"设计

完成挑战需要同时满足以下 4 个条件。

① 只用 4 张 A4 纸搭建一座"纸桥"。

② "纸桥"的跨度要达到 21 cm。跨度是指 2 个桥墩的间距要达到 21 cm,且 2 个桥墩的中间是悬空的,不能有任何支撑。

③ "纸桥"搭好以后找一本重量为 1.5 kg 左右的字典(本例使用《牛津英汉双解词典》),然后把字典放在"纸桥"上。此时"纸桥"可以变形,但不能被压垮,且"纸桥"的桥面不能在受压后接触地面。

④ "纸桥"搭建过程中不能使用其他任何材料,如胶水、胶带、别针等。

最终,按照如下评分标准进行评分:

20 分钟内完成的获得 95 分;

30 分钟内完成的获得 85 分;

40分钟内完成的获得75分；

50分钟内完成的获得65分；

50分钟内未完成的获得60分，以示鼓励！

图3.4 "纸桥"设计示意图

二、你(普通人)的思维模式

无论你是否在限定时间内成功完成了"纸桥"设计，都请你回忆一下自己"纸桥"设计的思路。你的思考模式可能是以下4种模式之一。

1. 猜测1:"死磕"模式

学生在课堂上经常出现的第一种思维模式是"死磕"模式，即只在一个思路下进行持续性的思考，而不尝试其他的可能性。

很多人看到图3.5，估计会觉得很熟悉，这是在课堂上最常见到的设计思路——采用各种各样的 W 形状的折纸进行设计，有的学生甚至用 W 形状尝试了半个多小时。

为什么有的学生会这么执着于 W 形状？因为他们在小学时就知道"三角形是一个稳定结构"，而 W 形状是一排稳定的三角形支撑结构。他们还会提到一个常识:从侧面剖开纸板箱的纸板时可发现其断面就是 W 形状的结构。有了这样一些知识点和常识的支撑，学生会认为这是个正确的方向，于是就开始了"死磕"。

打破"死磕"模式的关键就是推翻那些让人不曾怀疑的结论！"三角形是一个稳定结构"是没错的，但这还有一个关键要求:三角形的 3 条边必须是刚性的，即 3 条边不能弯曲。可惜 W 形状的折纸是很难做到这一点的，"死磕"的意义也就不大了。

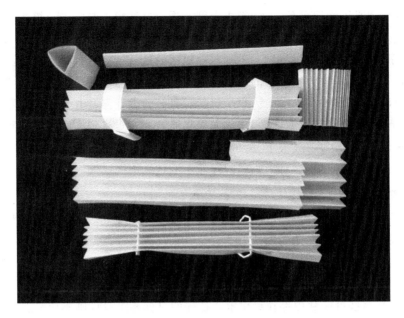

图 3.5　W 形状的"死磕"

此外,知识点都是有适用范围的,在运用这个知识点之前,先要想清楚这个知识点是否适用于这个问题场景。

2.猜测 2:"专家"模式

学生在课堂上经常出现的第二种思维模式是"专家"模式。

这个模式是希望找到问题背后的知识点(也就是所谓的"专家"),这里的"专家"既包括人,也包含专业的书籍和知识库。先经由这个专家了解知识点如何应用,然后再去解决当前的问题。

通常人们会下意识地进入"专家"模式,这与人们这么多年所受到的应试教育有关。在应试教育当中,每一个问题都对应着书本上的许多知识点,所以我们会以为每个问题在书中都是有答案的。但现实当中的很多问题,尤其是设计的问题,是开放的,是结构不良的!其背后是没有明确的某个知识点的,或者说需要很多知识点才可以解决这个问题,而你又无法在短时间内弄清楚具体是哪些知识点。这样便让你的思维停留在寻找"专家"的状态下,也让你没有积极地直接面对问题开展思考。

产生这种思维模式的关键是人们在潜意识当中认为任何问题背后都是有知识库的,人们需要在学会了各种知识后才能开始解决问题。这是"发现和寻找"的思维模式,而不是"创造"的思维模式。

3.猜测 3:百度模式

学生在课堂上经常出现的第三种思维模式是百度模式,这是有时代特征的一种思维模式。

百度模式是不管遇到什么事,都先上网查看。这种模式与"专家"模式有些相似,但它不是想寻找专家,而是想通过别人做的东西来"启发"自己,这还是有积极意义的,相当于在借鉴别人的"尝试"。不过需要提醒的是:借鉴的内容不应该是别人的解决方案,而应该是解决方案背后的思路。一个比较安全的借鉴模式是"仿生",即看看自然界的事物有怎样的存在逻辑,想一想其对我们的设计问题有怎样的启发意义。

就"纸桥"这个设计挑战赛而言,你如果想通过百度查找别人的解决方案,那么应该会感到很失望,因为网上关于"纸桥"的设计大都是可以使用胶带和胶水的,而且也不限制纸张的使用数量,这对于我们的设计参考意义不大。

4. 猜测4:怀疑模式

在最开始面对这样的一个挑战赛时,有少数学生会觉得:"老师,你啥也没讲,就让我们挑战,那要老师有什么用?"

其实,能有这样的质疑是很好的,因为学生已经跳出问题情境来思考问题了,这对设计师来说是很重要的一点!设计师的核心工作不是解决问题,而是寻找不同的可能性,再从这些可能性中寻找最优解。这样的目标要求设计师不应马上进入"如何解决问题"的思维模式,而应进入"发散思维"的模式来探索问题的可能性,质疑问题本身就是在寻找新的可能性。以解决问题为目标的思维模式是"聚焦/收敛"的思维模式,不是"发散"的思维模式。

三、设计师的思维模式

接下来看一看设计师是用怎样的思维模式来面对"纸桥"设计这样的问题的。

"纸桥"设计
挑战赛解析

设计师在思考设计与创新的问题的时候,会较为简单和直接。他们会初步判断问题到底是什么,问题的关键要素又是什么,有了初步判断以后,就会直接进入设计阶段。注意,这里设计师在对于问题有初步判断以后就进入设计阶段,并不是说设计师一定要把问题搞清楚才可以进入设计阶段。

接下来,设计师主要做两件事:一是"寻找变化",即不断地寻找各种变化的可能性,设计师会借助于一些方法来做有规律的变化,以把所有能够想到的可能性都尝试一遍;二是"构建标准",即在尝试的过程当中找到评价变化正确与否的标准。这里设计师把变化的可能性和判断变化正确与否的标准分成两个阶段来思考,这符合创造与评价相分离的思维模式。两个阶段呈阶段性的循环和迭代。

在"构建标准"的过程中,设计师会重新修订最开始所明确的问题边界和问题的关键要素。因为这时设计师对问题会有新的理解和认知,所以设计师不会在明确问题边界和关键要素的过程中耽误太多时间。毕竟对于问题边界和关键要素,设计师往往是在问题的解决过程当中,才想清楚和理解到位的。这便是设计师面对设计问题时的第二种思维模式:进行有规律的尝试(图3.6)。

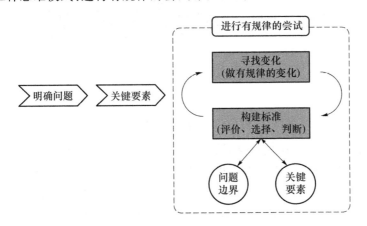

图 3.6　设计师的思维模式——进行有规律的尝试

四、设计师的执行过程

1. 进行有规律的尝试示例

下面以"纸桥"设计为例介绍具体如何进行有规律的尝试。

设计师会先看看挑战赛的具体要求。如图 3.7 所示,"纸桥"的具体要求如下:一是桥的跨度要达到 21 cm,这刚好是一张 A4 纸的宽度;二是桥面要能够承受一本重达 1.5 kg 字典的压力,不能被压垮,且可以变形,但不可以接触

图 3.7　"纸桥"设计要求

地面;三是搭建"纸桥"时不能借助于其他材料,只能使用 4 张 A4 纸。

了解清楚这些要求以后,设计师初步分析"纸桥"中有 3 个关键要素:桥墩、桥面以及桥墩和桥面的连接处(图3.8)。3 个关键要素中桥面的设计难度是最大的,因为桥面是 1.5 kg 字典的直接承压者。所以设计师会先从这里进行有规律的尝试。到这里设计师的设计思路与普通人的设计思路基本是相似的,不过在接下来的尝试过程当中,两者就显现出区别了。普通人往往会执着于某一点而进行不断的尝试("死磕"模式)或者阅览一本关于桥梁的专业书("专家"模式),而设计师则会有规律地尝试所有可能性。

如图 3.9 所示,设计师对桥面进行有规律的设计尝试:1~3 是"面"状的桥面;

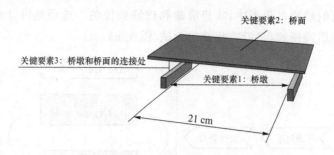

关键要素2：桥面

关键要素3：桥墩和桥面的连接处

关键要素1：桥墩

21 cm

图 3.8　设计要素初步分析

4～6是"线"状的桥面。由此可见,设计师分别尝试了W形、矩形、正方形、三角形和圆形等不同的截断面,只是这些截断面是空心的。7和8的截断面是实心的。9和10是设计师在尝试不同的实心圆棍的卷法,垫在下面的纸张展示了其卷起来之前的形状。到这里我们能够明显地看到设计师是在按照一定的规律寻找各种变化的可能性,并不是在胡乱地尝试,这样设计师就不容易遗漏一些变化的可能性。11和12则是设计师在尝试把不同的形状进行组合。这也是很重要的一个变化思路,其中包含了"排列组合"的概念。一旦开始尝试排列组合,产生的方案数量就会呈指数级增长,这是设计师最希望看到的。

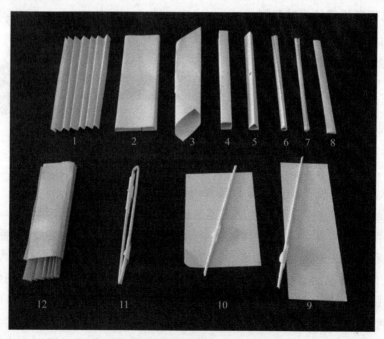

图 3.9　有规律地尝试单一设计要素

所以,设计师的思路是先按照一定的规律演化出不同的桥面形状,然后再尝试这些桥面形状是否有可能达到承担起字典重量的要求。在对桥面进行测试以后,判断变化正确与否的标准就慢慢浮现出来了:桥面的抗折弯性好,并且桥面结构最好是实心的。进行有规律尝试的变化如图 3.10 所示。

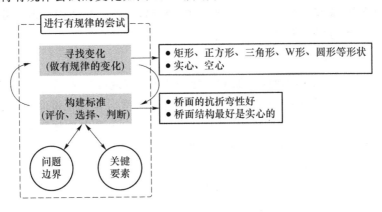

图 3.10　进行有规律的尝试示意图

2. 明确关键要素

图 3.11 展示了一个在课堂上用时 15 分钟便完成的"纸桥"设计。这个学生在尝试了几次以后,便发现实心的纸卷是抗折弯性最好的形式。对于桥墩他没有进行过多的尝试,而是直接简单粗暴地团了两个纸团,将其作为桥墩,然后把字典放在桥面上,调整了两次平衡以后就完成了挑战。

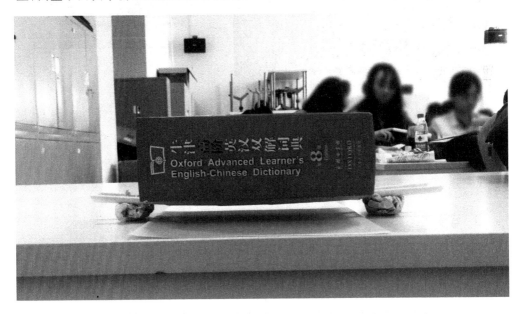

图 3.11　一个成功案例的启发

这个案例想说的并不是这个学生进行了有规律的尝试(他的确没有做出非常多

的尝试),而是他对于关键要素的明确。在尝试之前就明确关键要素是很难的,我们往往是在尝试的过程中才能确定关键要素的。一开始我们分析关键要素的时候桥墩也是一个关键要素,但是他只用两个纸团作为桥墩的行为,让我们发现桥墩并不是像我们一开始想象得那么重要。

3. 发现一个漏洞

这个挑战是有一个漏洞的:字典的长度比 A4 纸的宽度(21 cm)长一点,如图 3.12(a)所示。所以如图 3.12(b)所示,分别把字典纵向地和横向地放在桥面上,在这两种情况下桥面在桥墩这个支点上所受到的压力是不一样的。横向地放字典时,压力明显小一些。这样既符合挑战的要求,又地降低了挑战的难度。

要想发现这个漏洞,就需要尽早开始用字典进行尝试。

在课堂上由于字典数量不多(不能做到每人一本),加之大家都不想做第一个吃螃蟹的人,所以大部分学生都是在折了很久的纸以后才开始用字典来尝试的,也就没能很快地发现这个可以利用的漏洞。

这个挑战留有这样的一个漏洞是想说明我们在解决问题的过程当中才会逐渐理解问题,并不一定在开始阶段就能弄清楚问题,也没必要在开始阶段就弄清楚问题。

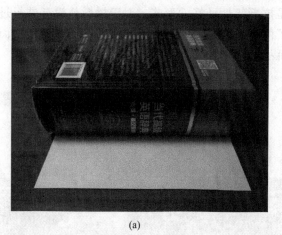

(a)   (b)

图 3.12　发现一个漏洞

4. 总结

我们通过"纸桥"设计挑战赛来帮助大家对比设计师的思维模式在具体操作上与普通人的思维模式的不同之处。

设计师通过**进行有规律的尝试**来寻找解决问题的各种办法,并在尝试的过程当中,逐渐理解问题和明确关键要素。这与普通人习惯的"**先定义问题,再解决问题**"的线性逻辑思维模式是完全不一样的。设计师让**问题的定义与问题的解决方案协同进化**,不会在初期理解问题上浪费太多时间,进行**有规律的尝试**才是关键。

不过,思维模式的转变是不容易的,你如果时不时地还是会变回到原来的思维模式,也不要着急,这是很正常的。当你积累了一些用这种思维模式成功解决了问题的经验时,这种思维模式才会慢慢进入你的下意识行为中,你也才真正掌握了这种思维模式。

第三节 提出 100 个想法

创造与评价相分离的真正目的是希望设计师在创造的过程当中能够发散出非常多的想法。那么非常多的想法是多少呢?发散出多少想法才算达到了设计师的专业水平呢?

一、设计游戏:30 分钟画出 100 个小魔怪

挑战画出
100 个小魔怪

看到"30 分钟画出 100 个小魔怪"这个挑战后,其中什么信息会让你感觉到压力?

估计是 100 这个数字吧!为什么 100 个会让你感觉到压力呢?因为大部分人下意识地认为画出 20 个小魔怪就算很好了,很少人意识到面对设计问题要尝试 100 个以上的想法。这样设计师才算具备了普通人不具备的专业能力,才能拥有足够的自信和绝对的话语权。

为了集中精力地挑战 100 这个数字,这里对于小魔怪的特征进行分析和提炼。

以 2013 年的经典电影《怪兽大学》当中的两个小魔怪(大眼仔和毛怪)为例来分析小魔怪具有的特征,即了解角色设计师为他们设计了怎样的元素才让它们具备了吓人的本领。

我们首先看到的应该是大眼仔的那只奇怪的眼睛和张得大大的、似乎要咬你的嘴巴,这些是大眼仔用来吓人的主要武器;其次看到的应该是毛怪那双高高扬起的、似乎要抓向你的利爪;再次看到的是毛怪的犄角和长长的毛,这也是一些吓人的元素;最后看到的应该是颜色搭配,大眼仔和毛怪所用的颜色都是偏冷绿色系的颜色,尤其是毛怪竟然使用了绿色和紫色的搭配,只是它们所使用的颜色纯度和明度还都是比较高的,颜色显得没有那么灰暗,这样就没有了由灰暗色系搭配所带来的"僵尸"感受(图 3.13)。

为了让这个挑战相对容易一点和更加集中到"100"这个数字上。这里对魔怪的特征做了非常主观的精简,保留了表现力更强的怪眼和尖牙特征,而直接放弃了其他表现力相对弱一些且画起来比较费时间的特征!

图 3.13　小魔怪特征分析　　　　　　图 3.13 的彩色图

　　接下来用怪眼、尖牙和一个任意形状来塑造一个新的小魔怪。具体来说,先画出各种各样的形状,既可以有规矩的矩形、椭圆、梯形,也可以有随手画的图形;然后再把怪眼和尖牙这两个特征添加上去。这样就会得到一些稀奇古怪的小魔怪了(图 3.14)。

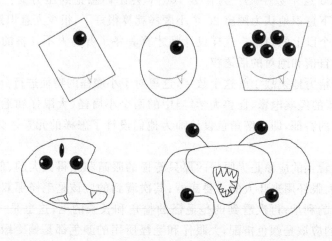

图 3.14　小魔怪简笔画示意图

　　在具体的时间安排上,一定要按照下面的步骤来操作:先在自己的手机上倒计时10 分钟,当铃声响起的时候,标记你画到哪里了;然后再倒计时 10 分钟,直到连续完成 3 次倒计时。这里强调一点,一定要坚持把这 30 分钟用完,并努力画出 100 个小魔怪。最终你会得到意想不到的结果!

二、游戏反思

1. 哪个时间段里画的小魔怪数量最多？

挑战完成后，分别统计在 3 个 10 分钟的时间段里所画小魔怪的数量，思考最终统计的结果有没有出乎你的意料。

课堂上的统计结果表明所画小魔怪数量最多的时间段是第 3 个 10 分钟！其次是第 1 个 10 分钟；最少的是第 2 个 10 分钟。这样的结果是不是有些出乎意料？按照通常的理解，应该是越到后面画的小魔怪数量越少才对。

不过，这里要补充一下在课堂上玩这个游戏时的一个细节。在前面 2 个 10 分钟内作者一直在观察学生的进度，并不对他们做任何的干扰；但在第 2 个 10 分钟结束后作者会通过言语对学生进行激励，比如告诉他们"以往 75% 的学生都是能够在 30 分钟之内完成这个挑战的，加油！""以往学生最多画了 186 个，希望你们能挑战画出更多的小魔怪"。有了这样的鼓励后，他们是更有可能坚持完成这个挑战的，这是游戏很关键的一个环节。

其实，我们很容易理解前面两个时间段的数量变化：在第 1 个 10 分钟大家都能或多或少地有一些想法，能画出比较多的小魔怪；但是进入第 2 个 10 分钟以后，大家没有什么新的想法了，进入想法的枯竭期，所以第 2 个 10 分钟会是数量最少的一个时间段。比较出乎意料的是在第 3 个 10 分钟大多数人竟然实现了数量的爆发式增长！大家刚刚还处于想法的枯竭期，但突然就在第 3 个 10 分钟实现了数量的快速增长，甚至这个时间段的数量超过了第 1 个 10 分钟。这样的现象该怎样来解释呢？

出现上述现象的原因就是在第 1 个 10 分钟和第 3 个 10 分钟，大家所用的设计策略出现了明显的变化。在第 1 个 10 分钟，大部分人还是采用一个接一个地画小魔怪的方法，也就是一边画图一边下意识地评价自己的小魔怪是否足够魔幻。所以，第 1 个 10 分钟里面画的小魔怪会较为精细。

而在第 3 个 10 分钟，时间的压力会越来越明显，大部分人的设计策略会在不知不觉中变化：开始批量地绘制任意形状，比如用 0～9 的 10 个数字和 26 个字母作为任意形状，然后再给这些数字和字母添加上怪眼和尖牙。此时学生明显地将创造与评价分离了，其思维的发散程度被明显地提高了，这就导致了第 3 个 10 分钟里面画的小魔怪数量出现了暴涨。

这个游戏比较有趣的点是，如果事先告诉你要将创造与评价分离，即便强调了很多次，大部分人在下意识当中也很难将它们分离，会下意识地进入第一个 10 分钟的状态。反倒是在第 3 个 10 分钟的时间压力之下，大部分人会不自觉地调整自己的设计策略，让创造与评价出现自然分离的状况。创造与评价的自然分离便是设计师期望的专业化设计状态。

上述游戏的 3 个 10 分钟让大部分人都能够自发地体验到设计策略的变化，这比老师的讲解和提醒有用得多,也达到了这个游戏的真正目的。

2. 最魔幻的设计在哪个阶段?

虽然第 3 个 10 分钟所画出的小魔怪数量是最多的,但是这个阶段的小魔怪质量又是怎样的呢?

图 3.15 所示的是作者在某堂课上对学生设计的小魔怪所做的统计分析,有 43.9％的同学认为最魔幻的小魔怪出现在第 3 个 10 分钟。也就是说,在第 3 个 10 分钟,学生不仅所画的小魔怪数量是最多的,而且所画的小魔怪质量也是最好的。这是不是更出乎意料?

不过对于这样的数据,我们也很容易理解。因为数量出质量,第 3 个 10 分钟所画出的小魔怪的数量最多,其质量好一些也正常。但这不是最主要的原因,第 3 个 10 分钟小魔怪的质量好的关键是人们不再下意识地评价,而是专注于创造数量以及进行各种有规律的尝试,这在减少创造压力的同时,也让思维能够尽可能发散,因为没有了评价对思维发散的干扰和束缚。

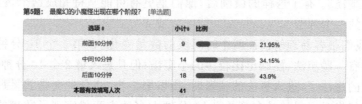

图 3.15　小魔怪质量统计

还有一个跟我们的认知有些不一样的数据是:在第 1 个 10 分钟所画的小魔怪质量是最差的。可惜大部分人的设计策略基本上都是停留在第 1 个 10 分钟这个阶段的,他们会一边设计一边评价自己的设计质量。这样既不利于发散思维以及做出大量的不同设计,也很难产生高质量的设计成果。

尽管这样的统计分析并不是大规模的统计分析,但通过这个游戏还是可以发现第 3 个 10 分钟设计策略的正确性和有效性,这是设计师很重要的一种思维模式。

三、提出 100 个想法的思路

知晓了创造与评价相分离设计策略的重要性以后,要如何才能提出 100 个想法呢?

大概有 75％的同学能够在 30 分钟之内完成画出 100 个小魔怪的挑战,这主要是因为他们在第 3 个 10 分钟采用了一些"投机取巧"的设计策略。

这个游戏的要求是给任意的形状加上小魔怪特征,小魔怪特征是已经确定了的,可以"投机取巧"的就是任意的形状。那么,有什么东西可以让你一下子想出一堆形状呢？于是有的同学就想到了26个字母、0到9的10个数字，甚至12生肖的动物形象以及12个星座的星座形象。这样算下来，你就可以快速画出60个形状了。对星座比较了解的人可能知道其实一共有88个星座。这样的话现在就有136个形状了，你可以进行任意变化！

此外，作者课堂上的学生学的是工科专业，他们有较强的数学思维，会想到通过排列组合的方式来实现数量的指数级增长。

100这个数对于设计师来说不应该成为一个障碍。专业的设计师在面对设计问题时都能提出至少100个设计方案。否则，设计师就只是别人眼中没有话语权的美工。

第四节 模板化思考

提出100个想法是设计师的一个专业能力，设计师在发散思维时除了可以使用排列组合的方式外，还可以使用模板。

一、思维游戏

图3.16所示的是全球著名办公家具制造商Steelcase制造的一个产品——Brody工作休闲椅，也许你对这个品牌有所了解，也许你对它一无所知。但不管怎样，现在请你清空思绪，用10分钟仔细观察这张图片。你能从这张图片当中获得哪些信息？你对这些信息有怎样的解读？

接下来请你用5W2H方法再观察一次，看看有没有新的发现和思考。

5W2H法是美国陆军首创的，在军队里对于任何需要上报或追究的事情，大家都要从何时（When）、何地（Where）、何人（Who）、何事（What）、何故（Why）、如何（How）、多少（How much）等7个方面汇报、了解和分析。于是我们总结出如下提问方法。

Where：图片描述的是什么环境？这个环境有怎样的特点？

When：图片中的时间是什么？有无其他与时间有关的线索？

Who：图片中有哪些人？

What：这个产品的核心理念是什么？图片中的人在做什么？人的行为是怎样的？人有怎样的需求？图片中有哪些物品？图片传递的主要信息是什么？物品和人之间的关系是怎样的？

Why：产品为什么会呈现这样的形态？这些人为什么出现在这里？他们的行为为什么是这样的？这些物品为什么会出现在这里？

图 3.16　Steelcase 制造的 Brody 工作休闲椅

How：产品是怎样支撑前面的核心理念的？产品是怎样满足了用户需求的？

How much：产品的尺寸是怎样的？图片中有几种类型的人？图片中有多少种物品？

对比两次观察的结果，反思前后两次的观察思路有什么不同。你发现问题的能力是否有提升？（这个案例的具体分析详见第四章第二节的竞品启示。）

二、用模板将发散思维规模化

1. 设计（观察）是有模板（套路）的

当作者在课上告诉学生要多观察用户、仔细观察用户的时候，他们往往有些懵。学生觉得自己已经很仔细观察了，可还是看不到作者想让他们看到的那些东西。但使用了 5W2H 法以后学生突然知道该观察什么了，也知道还没有观察哪些地方。

使用 5W2H 法进行观察是设计师的基本技能。5W2H 法可以快速地描绘出问题的发生场景以及场景中人的各种行为，它可以被广泛地应用在各个设计阶段。比如：在设计初期的竞品分析中，我们可以用这一方法仔细研究竞争对手的某款产品设计；当设计产品时，可以用 5W2H 法来设计产品的各个方面。它可以贯穿于整个设计流程中，常被设计师当作模板。

2. 建立模板意识

模板是前人积累下来的、已被证明有效的思维路径。它们对于提升设计效率和设计质量都有很好的帮助。最重要的是设计师可以利用设计模板对设计问题开展更为全面的思考。这样不仅有利于设计师理解设计问题，也有利于设计师进行有规律的思维发散。

比如，在使用5W2H法对问题场景进行观察之前，人们往往会陷入先入为主的认知模式，也就是人们往往只将注意力集中在某几个方面，而对于问题场景没有全面的认知，而5W2H法便可以很好地帮助设计师检视自己观察问题场景的视角是否足够全面。

当然我们并不主张设计师面对任何设计问题都直接使用设计模板。设计师在设计问题的初始阶段还是应该先跟着感觉走，探索设计的问题空间。当对于问题有了一个初步的认知以后，设计师可能遇到瓶颈，在这个时候可以使用一些设计模板来帮助自己实现设计思考的完整性。

3. 模板是动态发展的

模板是一把双刃剑，在提高设计效率的同时，也会将我们的思维视角限制在模板有限的几个维度中。所以，我们在有意识地使用模板来帮助我们思考的同时，也要不断地尝试不同的新模板，甚至要尝试构建自己的思维模板，并不断地修改自己的模板，让模板处在动态发展的状态中。

三、设计模板的分类

根据模板维度的成熟度，设计模板大概可以分为两类：一类是成熟度较高的模板，这类模板的背后往往是有一定的逻辑基础的，较为容易获得人们的理解和认同；另一类是基于成功案例而产生的模板，其不追求模板维度的成熟度，而更看重案例所带来的前瞻性和探索性，处在动态发展的状态中。

1. 第一类设计模块

根据维度的数量，设计模板可分为以下3种。

（1）一维模板

如果事物能够用一维模板分析或者解释清楚，那么就不要选用更为复杂的模板。一维模板就是只有一个维度。

- 一维常用的是时间排序和流程排序。
- 维度的两端可以是同一属性下的两个极值，比如价格的高低、色彩的冷暖。
- 维度的两端可以是不同属性下的、两种呈现对比的要素，比如追求性价比与追求高品质、偏技术的功能型产品与偏情感的个性化产品。

- 维度中间的一些有意义的点也应该引起注意,比如中点、1/3 点、黄金比点等,这些点可能代表一定的含义。
- 建议先尝试用多个一维模板进行分析,再确认哪一个一维模板是更有说服力的。

(2) 二维模板

将一维模板进行两两组合,便可以形成二维模板,如图 3.17 所示。

- 图 3.17(a)有 4 个象限,可对被分析对象进行分类和定位,并寻找机会点。
- 图 3.17(b)中从原点出发的右上角象限可用于分析对象的连续变化。
- 图 3.17(c)和 3.17(d)分别在 4 个象限的基础上进一步区分出 6 个和 9 个分类区间,可提高分析的精度。但这里需要提醒的是,并不是精度越高越好,在一般情况下 4 个象限的区分度够用了。

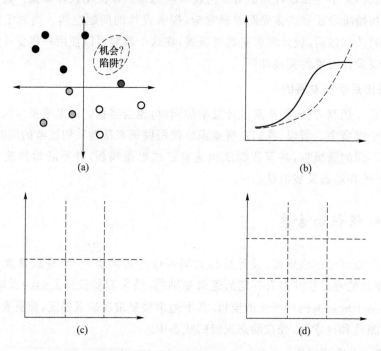

图 3.17　二维模板

在大多数情况下,推荐使用二维模板。因其相对比较清晰、简洁,又不像一维模板过于简单。

在维度的选择上,我们主要根据分析的效果来确定哪些维度对于当前的问题是更有影响力的维度。这里需要多尝试,无法在事先就确定怎样的两个维度更适合作为二维模板。

(3) 多维模板

多维模板的维度多于两个,并大都是经过时间或者理论验证的,大家形成了一定的共识。我们之前所使用的 5W2H 法便是一个多维模板。下面这几个多维模板也是设计师经常用到的。

6W3H 分析法：比 5W2H 法增加了 Which 和 How。

SWOT 分析法：Strength(内部优势)、Weakness(劣势)、Opportunity(外部的机会)、Threat(威胁)。

SET 因素趋势分析法：Social(社会)、Economic(经济)、Technology(技术)。

AEIOU 法：一种对活动(Activities)、环境(Environments)、互动(Interactions)、物体(Objects)和用户(Users)进行分类的组织框架,引导研究人员观察、记录和编辑相关的信息。[2]

① 活动：一系列具有目标导向的行为。例如,人们会通过什么途径完成自己的目标呢? 会采取哪些具体的行动呢?

② 环境：活动发生的所有场景。例如,用什么来描述个人空间和共享空间的功能?

③ 互动：人与人之间或者人与物之间的交流。这是活动的基石。例如,人与人之间或者人与物之间产生固定或特殊交流的本质是什么?

④ 物体：环境的基本组成部分。物体的功能、意义会随着环境的变化而发生改变。例如,人们在生活环境当中拥有什么物体? 这些与他们的活动有什么联系?

⑤ 用户：被观察的人。例如,目前的用户是谁? 他们扮演什么样的角色? 他们之间是什么关系? 他们拥有怎样的价值和偏见?

2. 第二类设计模板——成功案例模板

成功的案例或者新出现的案例是可以被我们当作模板的,并且它们往往是权重更高的模板。比如,戴森将吹风机这一工具型的产品作为时尚科技类产品来设计,并大获成功,设计师便可思考其他的工具型产品是否也可以按照这样的模板进行设计。

设计师可以根据自己所研究的产品门类、产品应用场景、产品用户特征等要素,来寻找一些相关的成功/新案例,将其作为自己分析和研究的设计模板。这些模板并不需要追求完整性,设计师只需挖掘成功/新案例的底层逻辑,再根据这些底层逻辑来进行设计即可。

四、模板的质量

为了提出 100 个以上的想法,设计师使用了模板并采用了排列组合的方式,以使其思维呈现规模化的发散。但这会不可避免地产生很多没有太多价值的想法,或多或少地会影响人们继续进行思维发散的勇气。

从本质来说这还是没能将创造与评价分离,但既然产生了这样的问题,我们就要想办法来面对它。要想避免这一点,设计师要有意识地提升模板的质量。你在对模板的质量有信心的时候,就不会担心产生没有太多价值的想法了。

第五节　想象力的解构与建构

思维的发散是想象力的基础,想象力的真正放飞是有一个"先解构,再建构"的过程的。这里的解构与建构与艺术史中的解构主义和建构主义无关,这里只是借助于解构与建构来描述一种设计思维中提升想象力的思维模式。

一、设计思考

随着中国咖啡文化的日益盛行,越来越多的咖啡爱好者追求品位与创新的结合。

如果让你设计一款咖啡壶,你会给出怎样富有想象力的创意？或许你的设计方案有机会与法国艺术家雅克·卡诺曼(Jacques Carelman)设计的咖啡壶不谋而合。

二、想象力与知识

"想象力比知识更重要,因为知识是有限的,而想象力概括着世界的一切并推动着世界进步,想象才是知识进化的源泉。"这是1929年爱因斯坦在写给他学生的一封信中说的一句话,这里爱因斯坦似乎把想象力推到了知识的对立面。但实际上,想象力与知识并非水火不容,它们更像是共生的伙伴。知识为想象力提供了土壤,是想象力生根发芽的基础;而想象力则是知识之树上盛开的花朵,赋予了知识鲜活的生命力和无限的可能。

对于设计师来说,要想提升设计创新的想象力,拥有丰富的知识是必不可少的。设计不仅是技术与美学的结合,还是各种思想与文化的碰撞。其包含了艺术学、心理学以及社会科学等多个学科的知识,这为设计师打破传统思维定式,从更广阔的视角汲取灵感,提出富有想象力的创意奠定了基础。

三、解构与建构过程

创新过程中的"黑箱"是一个说不清道不明的状态！

至今也没人能够解释,为什么爱因斯坦这样的科学家和毕加索这样的艺术家的想象力和创造力要比平常人高。心理学家也承认创新是有一个灵感闪现和顿悟的过程的。1926 年，英国心理学家格雷厄姆·华莱士(Graham Wallas)在他的著作《思维的艺术》(*The Art of Thought*)一书中提出，创造包含 4 个阶段：准备期、酝酿期、顿悟期和验证期[3]，其中顿悟期就是那个难以言明的"黑箱"。而灵感的闪现和顿悟都是打破了事物原有的逻辑，创造了新的事物逻辑。

想象力的解构与建构

如何打破事物固有逻辑对想象力和创造力的限制？

之所以事物的逻辑成立，是因为事物的要素被逻辑关系紧紧地联系在一起。要想提升想象力和创造力就要打破事物原有的逻辑，再重新构建新的逻辑关系。这就是想象力"先解构，再建构"的过程。

除此之外，想象力的丰富程度与个人知识的广度紧密相关。拥有的知识越丰富，能产生的想法越多。设计师尤其要关注前沿新技术的发展动向，这些知识更能激发设计师的想象力。

1. 解构

设计问题的结构不完整性使得问题的多个层面都存在着模糊性，而模糊性所带来的不确定性使得人很难有针对性地开展思考。为了解决这个问题，设计师会先对已掌握的问题要素及要素之间的关系进行解构，然后再针对每一个要素及其关系开展深度思考。这就相当于将问题的不同层面限定在一个个具体场景下，从而有利于对于每一个要素及其关系进行深度思考。不同的人会有不同的解构思路，设计师不必纠结哪种解构思路更好，只需要尽可能尝试这些不同的解构思路。这实际上也是一个思维发散的过程。

设计师在对于问题的要素及要素之间的关系有新的理解时，会再次进行解构。

2. 转换

设计师会对每一个要素进行独立转换，以探索出尽可能多的可能性，为下一阶段的重新建构奠定基础。

强调每一个要素的转换是独立的，即不需要顾及其他要素的影响和制约，只思考当前的要素转换的可能性和多样性。这样有利于打破原有要素之间的逻辑限制，发展出更多的新的可能性。

比如，对于门的开合方式这个要素，我们可以尝试的转换有："向里开，向外开"的方式；"向左开，向右开"的方式；"向上开，向下开"的方式；依靠门轴旋转的打开方式；依靠某个点旋转的打开方式；折叠门的打开方式；卷门的打开方式；只有局部的门能打开的方式；门的不同部分向不同方向打开的方式；门的不同部分采用不同打开方法的方式；非实体门的打开方式（比如由光和气体形成的门）；……这时设计师会结合思维模式2进行有规律的尝试。

3. 建构

当设计师得到了足够多的新要素和关系以后，设计师便可以尝试对这些新要素和关系进行重组，以构建出新的要素组合、新的逻辑关系，进而构建出一个新的事物。设计师只要不断地重复尝试这个新事物的重组与建构，就能创造出来一些富有想象力和创造力的新事物、新设计概念。（具体的想象力解构与建构的案例参照第四章第三节的跑步App的概念设计。）

4. 评价想象力

通过对原有问题场景的解构和建构，设计师获得了大量的新想法。这不是设计师的终极目标，而是构建新的意义和价值的基础（具体参看第四章第六节）。想象力的解构与建构如图3.18所示。

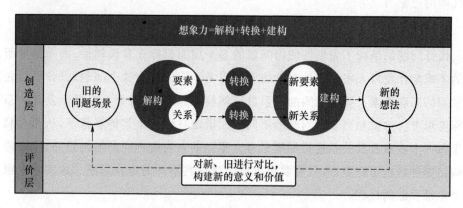

图3.18　想象力的解构与建构

四、卡诺曼的咖啡壶

唐纳德·诺曼（Donald Arthur Norman）在《设计心理学1——日常的设计》当中提到了一个卡诺曼咖啡壶[4]。这个咖啡壶来自法国艺术家卡诺曼所写的《无法找到的物品》一书，在这本书里面可以看到一些非常有趣的日用品，它们被设计得非常古怪，根本无法使用。看到图3.19所示的咖啡壶时，相信你也能感受到它的古怪之处：设计师竟然将把手和壶嘴设计在了壶身的同一侧，人在倒咖啡的时候会烫到自己的手，并且人手也很难握住这个咖啡壶。这样的设计颠覆了人们的常识，人们不知该如何使用这个咖啡壶。

图 3.19　卡诺曼咖啡壶

　　这里并不想深入地讨论咖啡壶为什么被设计成这样。这里想说的是,如果你把咖啡壶解构为 3 个要素——壶身、壶嘴和把手,然后重新整理这些要素的位置关系,那么你也是有机会设计出一个这样怪异且有趣的咖啡壶的。

　　发挥想象力并不是一个人坐在那里胡思乱想,设计师借助于解构与建构的思维模式来探寻新的可能性才是有价值的想象过程。(更为详尽的案例分析参见第四章第三节。)

第六节　问题定义与解决方案的协同进化

一、苏格拉底和柏拉图的对话

　　有一天,柏拉图问苏格拉底:"什么是爱情?"

　　苏格拉底说:"我请你穿越这片稻田,去摘一株最大的麦穗回来,但是你要遵守一个规则,这个规则就是你不能走回头路,而且只能摘一次。"

　　于是柏拉图去做了。许久之后,他却空着双手回来了。

　　苏格拉底问柏拉图:"怎么空手回来了?"

　　柏拉图说道:"当我走在田间的时候,曾看到过几株特别大的麦穗,可是我总想着前面也许会有更大的,于是就没有摘;但是,我在继续走的时候,总觉得看到的麦穗还不如先前看到的大,所以最后什么都没有摘到。"

苏格拉底意味深长地说："这,就是爱情。"

又一天,柏拉图问苏格拉底："什么是婚姻?"

苏格拉底说："我请你穿越这片树林,去砍一棵最高、最粗壮的树回来,以便把它放在屋子里做圣诞树,但是你要遵守一个规则,这个规则那就是你不能走回头路,而且只能砍一次。"

于是柏拉图去做了。许久之后,他带了一棵不算最高、最粗壮的树回来了,但这棵树也不算差。

苏格拉底问柏拉图："怎么砍了这样的一棵树回来?"

柏拉图说道："我穿越树林的时候,看到过几棵非常好的树,这次我吸取了上次摘麦穗的教训,看到这棵树还不错,就选了它。我怕我不选它,就又会错过了砍树的机会而空手而归,尽管它并不是我碰见的最高、最粗壮的一棵树。"

这时,苏格拉底意味深长地说："这,就是婚姻。"

聪明的人总是有这样的一种能力,能够用简单的事情说明深刻的道理。至于道理的正确与否我们先放一边。讲这个故事的目的不是想说明白爱情、婚姻,而是让我们静下心来思考:面临"摘最大麦穗且只能摘一次,还不能回头"这样的一个问题时,你会用怎样的策略去解决它。

二、协同进化:问题定义是在解决的过程中才清晰的

关于摘麦穗这个问题,我们没有办法保证一定能够摘到最大的麦穗,但是这个问题却有较为合理的解决策略。

在路程的前半段中你只观察什么样的麦穗是最大的,但并不摘麦穗。当知道前一半麦田当中最大的麦穗有多大以后,你就可以在后半段路程中,按照这样的一个尺寸来选取最大的麦穗,并且在看到第一个跟最大尺寸差不多的麦穗时就摘取它。尽管这样做并不能保证一定摘到最大的麦穗,但应该会有一个不错的结果。

同理,当你开始尝试解决问题(在前半段中观察麦穗),并想出一些解决方案(了解前半段中麦穗的最大尺寸)时,你才会明白你要解决的问题是什么(问题是摘怎样尺寸的麦穗,而不是摘最大的麦穗)。这里呈现出问题定义与解决方案协同进化的状态。

这样的思维模式跟大部分人所理解的"先定义问题,再解决问题"的思维模式是完全不一样的。在前半段,我们就已经开始在解决问题了,并且只有经过前半段的观察,我们才会知道后半段选择麦穗的标准,在进入麦田之前是无法给出这样的选择标准的。

所以,设计思维的一个非常重要的、与众不同的思维模式是让设计问题的定义与设计的方案协同进化。设计师需要快速地进入问题解决的环节中,通过不同的解决方案来探索出问题的边界和解决方向。这与第二章所讲的"先设计,再研究"的设计意识是一致的。

三、案例:雷克萨斯的纺锤形设计

雷克萨斯的纺锤形进气格栅是非常有特点的设计,也是人们认知雷克萨斯汽车的核心要素。但这一设计却并不是通过仔细的分析和严谨的预判产生的,这个纺锤形设计方案的产生具有很强的偶然性。

先说一下纺锤形设计诞生的背景。雷克萨斯是丰田汽车的高端子品牌。1983 年 8 月,丰田董事长丰田英二提出了想要创造一辆豪华轿车的想法,并希望打造一个新的品牌来开拓高端市场,以摆脱"丰田"品牌给人留下的经济实惠的印象。其竞争的目标直指奔驰和宝马,这样才诞生了"雷克萨斯"这一子品牌。但是经过多年的努力,雷克萨斯却在人们心中留下了"平顺、可靠、平庸"的形象。正如 2012 年,雷克萨斯国际总裁福市笃雄所说:"虽然雷克萨斯的产品质量过硬,但是其过于平庸的外观很难让消费者留下深刻印象。"这样的品牌形象是很难与已有百年历史的奔驰和宝马这两个豪华品牌相抗衡的。

要改变这种局面最直接的方法就是重新设计外观,但没人能回答新外观的设计方向应该是什么。于是,丰田领导说:"我不要好看的车,我要令人印象深刻的车!"

正是在这样的背景下,雷克萨斯的纺锤形设计在一次偶遇中产生了。某一天雷克萨斯 GS 车型的首席设计师 Katsuhiko lnatomi 正在工作室通过油泥模型来设计方案。碰巧丰田的一个执行总创意设计师路过,看到了纺锤形进气格栅设计,被瞬间吸引并说:"就是它,就是这个纺锤形进气格栅!"其上部采用倒梯形设计,两侧则辅以车灯的三维箭头设计,展示出汽车的强烈动感;而下部则用宽开口设计,并在两侧装有制动冷却导管,突显出汽车的贴地性。最为关键的是这样的纺锤形进气格栅设计在其他品牌的车型当中从未见到过。

在 2011 年的纽约国际车展上,全新的 LF-Gh 概念车展示了这个纺锤形进气格栅设计。从图 3.20 中你可以对比感受一下采用纺锤形进气格栅前后的外观设计。你会更好地理解什么是平庸的设计、什么是前卫的设计。

(a) LS600, 2007　　　　　　　　　　　(b) LF-Gh, 2011

图 3.20　新旧 2 种进气格栅设计

雷克萨斯纺锤形设计特征的确立过程看起来较为戏剧化,但其恰好符合结构不良问题的思维模式。设计问题的定义是伴随着问题的解决方案一起发展的,两者是协同进化的。

如何去推动问题定义与解决方案的协同进化呢？这便要用到我们下一节所要讲的设计原型。

第七节　设计原型化思考

在问题定义与解决方案协同进化的过程当中,设计师会借用设计原型工具来推进设计过程。设计原型是问题定义与解决方案之间沟通的桥梁。

一、思维游戏:爬山

一天清晨,太阳刚刚升起的时候,一个和尚开始爬一座高 3 000 米的高山,山顶上有一座庙。

上午这个和尚以 2.5 公里/小时的速度向上爬,沿途多次停下休息并吃随身携带的干粮。到了下午这个和尚只能以 1.5 公里/小时的速度向上爬了,在太阳落山之前,他到达了山顶上的庙。

经过几天的斋戒和反省,他从同一条路开始下山。他在太阳升起时出发,沿途变速行走并停留了多次,当然,他下山的平均速度比上山的平均速度快,大概是 3 公里/小时。

请思考山路上是否存在着唯一的地点,两次旅途中和尚在一天中的同一时刻都经过此处。

你要怎么解决这个问题呢？记录下你的思考过程。

二、游戏洞察

读完这个思维游戏后你的第一反应是什么？

或许你在纸上写下了很多的数字,并开始推演它们之间的数学关系！又或许你随手在纸上画出这个问题的场景:山顶有座庙,第一天一个和尚从山脚下慢慢向上爬,第二天这个和尚从山顶上慢慢走下来,……画到这里,你在画面上是不是看出这道题的门道了？

只要把那一个和尚变成同时上山和下山的两个和尚就好了,他们相遇的那一点就是"在一天中的同一时刻都经过此处"。

仔细回想上述的两种思维,前者是基于数字推导的抽象化思维,后者是直接把问题场景画出来的形象化思维。当问题场景被形象化地表现出来以后,问题会变得简单明了。因为图 3.21 把问题真正的关键要素呈现了出来——同时上山与下山必定在相同时间、相同地点相遇,而那些山的高度和速度的数字都是用来迷惑人的。图 3.21 所示的就是这个问题的设计原型,它将问题场景以形象化的方式展现出来,人们借此来思考问题的各个要素。

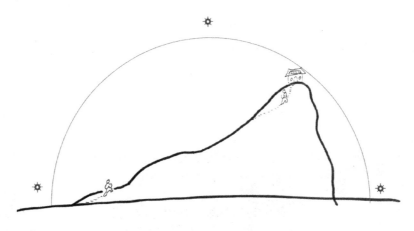

图 3.21　爬山的视觉原型

三、设计原型的作用

1. 设计原型是思考的工具

设计原型是设计师展开设计思考的一个工具。

这个工具将设计师头脑当中的抽象的概念转化为具体的图形,甚至是可操作、可触摸的实体物品,帮助设计师进入形象化的思维模式状态,以促进设计师进行更深层次的设计思考。

2. 设计原型可以让想法具体化

设计过程当中的很多想法和概念在头脑当中都是模糊的,也很难用文字表达出来。比如,如果现在给你"轿跑、低趴、宽体"3个轿车设计的关键词,你能想象出来这是怎样的一款车吗? 但是看到图 3.22(丰田设计师的概念草图)后,你对刚刚那 3 个关键词会有更为清晰的认知。

图 3.22 低趴汽车的设计草图

设计师需要借助于草图等设计原型工具来帮助自己表达概念和推演设计思路。

3. 设计原型可以让设计师行动化起来

有了设计原型后设计师就不再只是停留在思考阶段,设计原型可以让设计师行动起来,他可以拿设计原型来进行不同的操作、尝试。图 3.23 所示为一种文身工具的多个设计原型,有了这些设计原型后设计师就可以直接拿过来进行操作和使用,从而发现不同设计原型的问题以及需要改进的地方,而如果没有这些设计原型的辅助,人们是很难仅在大脑中就把所有问题想清楚的。

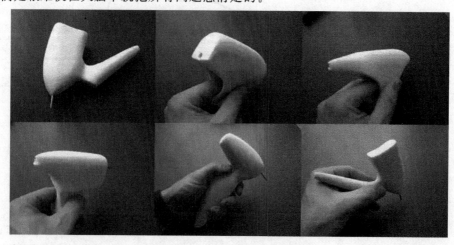

图 3.23 文身工具的设计原型

4. 设计原型可以减少争论

在实际的工作场景中,很多人都有类似的经历:在开会的时候大家说着说着就吵起来了。

为什么会争吵呢? 就是因为大家都只是在说! 大家嘴里说着相同的概念,但实际概念却指向不同的含义;或者大家说着不同的概念,但概念的实际含义却是一样的,而双方却不知道这一点。人们是很难把自己的想法表述清楚的,别人也是很难真正理解你说的想法的。这种说的过程所带来的认知差使大家产生了误解,于是大家便争吵了起来。

当有了设计原型这样的一个工具以后,设计师除了用说的方式表达自己的想法外,还可以通过设计原型来表达自己的想法,这样就会避免很多误解和无意义的争吵。

5. 设计原型可以促进沟通

设计原型不仅是设计师表达设计想法的一个工具,还是促进设计师与不同专业背景的人之间沟通的有效工具。当一个具体、形象化的想法被设计原型展现出来的时候,任何人都可以对这个设计原型进行推敲和分析,以理解和验证这个想法的可行性。

此外,真正有效的沟通往往是在问题场景下进行的沟通。有了设计原型后,设计师便可以尝试拿着这个设计原型在问题场景下验证设计方案的可行性。图 3.24 所示为一个泡沫草模促进沟通的案例。

图 3.24　泡沫草模促进沟通的案例

四、设计原型的种类

从本质来说,设计原型就是想尽办法把设计师头脑中的概念转化为看得见、摸得着、能实际操作的产品,这样才可以对其进行有效的评价和进一步的思考。所以,能达成这样的目的的各种表达手段都可以称为"设计原型"。

1. 草图与效果图

草图(图3.25)与效果图是设计师最常用的设计工具之一,也是最传统的设计工具之一。两者都是利用视觉化的手段帮助设计师思考和表现设计方案。

图 3.25　草图示例

（1）草图

草图是成本最低、最便捷的设计原型,只是它的学习成本有些高,需要进行大量的手绘练习。草图注重设计概念的快速捕捉与表达,往往应用在设计的初期阶段。因为,这时设计师的产品概念还处于模糊的阶段,草图可以快速地将概念视觉化,并不断地为设计师带来新的灵感,以帮助设计师将产品的细节逐渐清晰化、具体化,为设计进入下一阶段打下基础。

（2）效果图

效果图是在草图的基础上,尝试将设计概念以接近真实的状态表现出来。此时产品的形态、色彩和材质等设计要素都要按照真实的效果进行细致的描绘,以表现出产品的最终状态。

效果图可以把设计师的设计理念较为真实地表现出来。这有利于不同专业背景的人进行沟通。同时,也可以把效果图拿给用户进行测试,以对设计概念进行评价。

草图和效果图都可以从三视图和透视图的角度进行描绘。三视图可以帮助设计师精确地推敲产品的比例关系,透视图则可以帮助设计师检视产品的真实效果,两者互为补充。

2. 实体原型

草图和效果图都还停留在二维平面上,除了具备专业技能的设计师,一般人很难仅凭草图和效果图来评判产品的真实效果,甚至有被效果图中的艺术效果误导的可能,因此需要制作尽可能真实的实体原型来展示最终效果。

在世界各地的车展上,各大厂商都会推出自己的概念车来观察消费者的反应,这些概念车与量产车几乎一模一样,为的就是获得用户的真实感受和评价。

另外,实体原型的一个重要作用是可以在真实的使用场景中检验设计方案是否合理,这是草图和效果图无法实现的作用。

实体原型根据其目的的不同又可以分为功能原型、交互原型、风格原型 3 种。这些原型既可以用来帮助设计师推敲方案,也可以用来进行测试和验证。

(1)功能原型

功能原型是用来分析和推敲产品整体功能架构的设计原型。

对于实体类的产品、任何功能的背后都有实现功能的技术模块,这些模块的实体空间会影响整个产品的外在形态。例如,由于功能机和智能机使用了不同的技术模块,因此它们的外在形态也就完全不一样了。

也许你会以为使用怎样的技术模块是工程师要决定的事情,但是由于技术模块会影响人对于产品功能的操作体验,因此设计师要在与工程师充分沟通的基础上,主动地设计产品的功能架构。功能原型是设计师与技术开发人员进行沟通的主要工具。

图 3.26 所示为一个带有触摸板和游戏摇杆的多功能键盘,对于这些功能模块到底该如何布局以及每一个功能要如何实现,设计师是要通过功能原型来仔细推敲的。

此外,功能原型要尽可能 1∶1 还原实物,因为设计师需要借助于功能原型来推敲产品合理的尺寸。

对于非实体类的软件类产品,其功能原型更多的是用来设计各种功能模块的逻辑关系,比如功能的优先级等。设计师在很多时候也可以将它和交互原型结合使用。

(2)交互原型

交互原型是根据人的行为来设计产品与人交互的信息架构的。当前产品中所包含的信息量是工业时代的产品所不能比的,尤其是很多产品的物理实体界面越来越多地被数字化虚拟界面取代,导致很多的产品操作信息被隐藏在不同的操作菜单下,而人的记忆和认知能力是有限的,这便需要设计师精心设计产品的信息架构,以帮助

图 3.26　多功能键盘

人理解和记忆产品操作信息。交互原型便是设计师完成这一工作的主要工具，它主要从人的心理认知层面去设计和组织合理的产品信息架构。

对于信息架构，我们可以使用图 3.27 所示的纸板来进行设计。这是一种非常简便且低成本的交互原型。

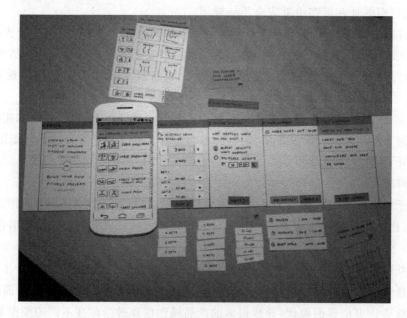

图 3.27　纸交互原型

现在也有很多制作交互原型的工具,如 Axture、Sketch、Figma 等,这些都可以将交互原型投射到实体设备上,以让设计师进行更真实的体验和测试。

在交互原型中显示器和控制器的设计是两个重要的设计内容。

① 这里的显示器并不是指计算机的显示器,它是指产品上所包含的各种信息的呈现方式的物理承载者。显示器既包含显示信息的屏幕,也包含指示灯的灯光、各种开关的反馈声音,甚至包括手机的震动感和按键的触摸感。

② 控制器是指人对机器进行操作的各种媒介。这既包含了按键、开关、方向盘等传统控制器,也包含了像微软 Kinect 这样能够识别人体姿态的高科技类控制器。

人为了满足自己的需求通过控制器对机器发出指令,机器则通过显示器给人反馈指令的结果以及下一步操作的提示,人根据这些反馈通过控制器发出进一步的指令,从而实现信息在由显示器与控制器共同构成的人机界面之间的流动。对于信息流动的效果以及信息流动的高效性和准确性,设计师要借助于交互原型来研究。所谓的信息架构设计,实际上就是对信息流动方式的设计。

(3)风格原型

风格原型(图 3.28)主要是从美学的角度来表达产品的美学特征,这是设计师的一项重要工作内容。"美"是一个很抽象的概念,设计师对美的探索是很难用语言来表达的,于是其便通过风格原型来帮助自己推敲产品的设计风格。同时,设计师通过风格原型可以向他人展示自己的设计理念,并可以通过用户的反馈来验证自己的设计风格能否被认可。

图 3.28 风格原型示例——汽车造型设计的油泥模型

3. 虚拟原型

随着计算机技术的发展,一些虚拟现实和增强现实技术也被应用到设计领域。通过一些相关的设备,人可以在虚拟的世界中使用相关产品、感受产品的真实效果,这一方面降低了制作实体原型的成本,另一方面提高了原型测试的效率。例如,丹麦的玩具公司乐高使用了增强现实技术,让顾客在选购玩具时可以看到玩具组装以后的真实效果[5]。

五、设计原型的制作要点

设计师在设计过程当中提出的各种设计方案其实就是其给出的不同设计假设。设计原型是可以帮助设计师来推敲和验证这些设计假设的。为了达成这样的目的,制作的设计原型要尽可能符合以下要求。

1. 小

设计师在借助于设计原型进行思考的时候,要尽可能把整个设计假设拆解成多个小的设计假设。每一个模块的设计原型最好只验证一个小的设计假设。

例如,图 3.29 所示的设计原型在测试一升的水需要多长时间才能从 10 mm 的孔中流完。这个原型只针对一个非常简单的功能进行测试,不要同时测试多个复杂的设计假设。

图 3.29　一个小的设计原型示例

2. 快速

设计原型是设计师进行设计思考的工具。为了保证设计师思维的流畅性,要快速地推进设计原型的制作流程,哪怕制作出的设计原型看起来有些粗糙,甚至简陋。

　　熟练的草图手绘能力是设计师的一个必备专业技能,因为绘制草图是最快速的将想法视觉化、具体化的途径。

　　在图3.30所示的草图中,设计师对于每个不同的想法所画的图都是非常小的,这样他就可以非常快速地分析各种想法了。需要注意一点,为了保证手绘速度够快,并不要求绘制出的草图非常完美。

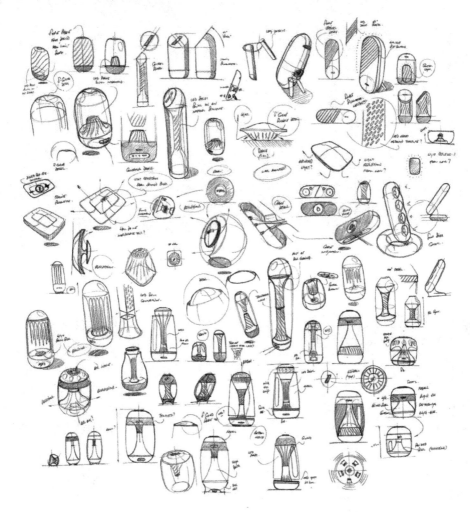

图3.30　手绘草图

3. 低成本

　　要求成本低是希望设计师在制作设计原型的时候,不投入过多的金钱和时间。因为那样往往会带来沉没成本。

　　如果设计师在制作设计原型的时候投入了过多的成本,那么在对设计原型进行测试的过程当中,设计师很可能下意识地想要证明自己的设计原型是正确的、合理的,而不能够客观地面对设计原型所带来的不理想的测试结果。同时,低成本也能让制作设计原型的速度较快。

  纸和高密度泡沫块是设计师经常用来快速且低成本地制作设计原型的材料,如图 3.31 所示。

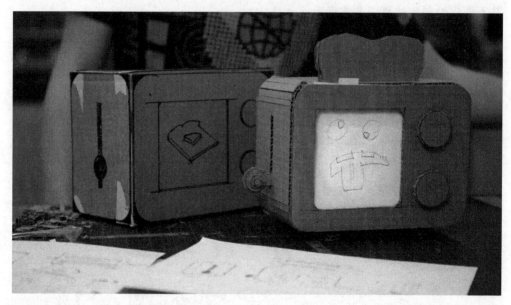

(a)

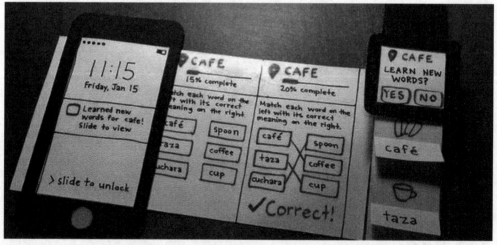

(b)

(c)

图 3.31 低成本设计原型

建议在问题场景下开展设计原型的测试,图 3.32 所示为一个背包的测试原型。这样可以更加真实地展现当时的应用场景。

图 3.32 一个背包的测试原型

第八节 先感性,再理性

设计思维当中既包含了理性的逻辑思维,也包含了感性的发散思维。两者如何有机地融合呢? 这里建议先感性地创造,再理性地分析(先自下而上,再自上而下)。

2012 年 7 月张小龙在"如何把产品做简单"的演讲中讲了如下一段话:

把自己当作傻瓜这件事挺难的,但据我所知乔布斯常用这个方法,而且他在这方面的能力特别强,他能瞬间把自己变成一个傻瓜。我就不行,我要经过 5~10 分钟的酝酿才能进入这个状态,这是非常难拥有的一个能力。我观察公司里面有一个人也很厉害,他就是 Pony,他大概能在 1 分钟的时间内做到……

乔布斯和张小龙他们为什么要把自己当作傻瓜呢? 张小龙解释:"把自己当作傻瓜是指你要放下脑袋里面装下的所有事,想象自己是一个什么都不懂的初级用户。"

设计师是产品的设计者,对于产品所具有的功能架构和操作产品的方法都是非常熟悉的。当一个设计师对一个产品很熟悉以后,无论这个产品是什么样的,他都会觉得用起来很顺手。这种状态下的设计师是很难发现产品当中存在的问题的。而初级用户对于产品是一无所知的,是最有可能发现产品当中存在问题的那个人。

实际上,设计师是在用理性和已掌握的知识来操作产品的;而最初级用户只能跟着感觉去探索产品。两者面对产品的状态是完全不一样的,正是这种本质上的不同才有了张小龙前面所说的那一段话。

所以,在设计师的思维模式中,设计师会非常重视先将理性的成分清零,再进行感性的认知,也就是像一个傻瓜那样跟着感觉走,当有了感觉以后,再进行理性的分析。

图 3.33 所示为一台很独特的滚筒洗衣机,大部分人应该没有见过这台洗衣机。

图 3.33　滚筒洗衣机　　　　图 3.33 的彩色图

现在请你跟着感觉走,看看在感觉的指引下,你能否找到这台洗衣机的独特之处,并猜出这款洗衣机的品牌。

1. 先感性

具体如何跟着感觉走呢?首先静下心来看一看自己会被图片当中的什么东西所吸引,并关注吸引自己的这些东西的顺序是怎样的;然后再理性地分析这些东西当中隐含的含义,进而回答前面两个问题。

针对图 3.35,具体操作如下:首先闭上眼睛倒数 5 个数,然后再睁开眼睛看图 3.35(此时不要控制你的视线),最后回想一下自己刚刚看到这张图片的时候,视线是如何变化的。

在一般情况下,人们会首先被色彩吸引,因为色彩会先于形体被人的视觉捕捉到。这台洗衣机上面有多处透明的紫色塑料,尽管紫色不是很鲜亮的颜色,但这部分紫色面积比较大,同时透明塑料还带有反光,使得这部分紫色很吸引人,被人的视觉先捕捉到。而且这台洗衣机有两处非常明显的亮黄色:一处是洗衣机滚筒门上的一圈亮黄色;另一处是在滚筒内部像鸭子嘴一样的亮黄色物体。除了色彩,人们还会注意到洗衣机左上方排列着很多的按键;然后人们会注意到洗衣机侧面和顶面上排列很整齐的沟槽;最后人们会注意到洗衣机左下角的脏物清理口等其他细节……每个人观察的顺序跟上述描述的内容可能会有一些差异,但是对于上述描述的内容应该是都能够观察到的。

2. 再理性

接下来我们调用理性来分析刚才观察到的各种信息,并试图找到这些信息中所隐含的洗衣机的特征以及品牌特征。

首先分析黄色材料和透明紫色塑料的搭配,这样的搭配在洗衣机这类家电当中是非常少见的。这些信息是指向洗衣机的品牌特征的!你可以仔细回想一下,近些年有哪一个品牌会经常用到透明的材质和鲜亮的紫色与黄色。

然后分析这台洗衣机的一个独特之处,即具有一个像鸭子嘴一样的亮黄色物体。仔细观察这个物体的用途和特别之处。

这里需要介绍一些专业知识:滚筒洗衣机在滚筒的内壁上会有一些凸起,随着滚筒的转动,这些凸起将衣物带到高处,然后衣物自由下落,以形成对衣物的摔打,从而来把衣物中的脏东西摔打出来。这个像鸭子嘴的亮黄色物体的作用就是把衣物带往高处。你有没有发现这个物体有什么不太合理的地方?它的长度只有滚筒深度的一半。并且此时你很可能还会进一步注意到一个细节:在滚筒的中间有一条细的亮黄线。基于这些细节,不知道你能否对于它的滚筒部分提出一些大胆的猜测?

实际上这台洗衣机的滚筒部分被这条细的亮黄线分为两个部分,这也就是品牌官方宣称的双滚筒设计。这样的设计可以让洗衣机的双滚筒部分沿相反方向进行滚动,从而达到类似于手洗时扭动衣物的效果。这就是这台洗衣机真正与众不同的地方!

你如果从以上内容还没有猜出来这台洗衣机的品牌,那么可以再看看图 3.34 所示的产品。

图 3.34　戴森的吸尘器　　　　　　　　　图 3.34 的彩色图

你可能已经发现上述两款产品的色彩搭配、材质运用、形态特征都有神似的地方。

没错! 这两款产品都是来自一个很有创新精神的品牌——戴森。那台滚筒洗衣机是戴森多年前的设计,当时其售价达到了 1 000 英镑,按当年的汇率这等于人民币 13 000 多元,这台洗衣机是家电当中的奢侈品。

在戴森滚筒洗衣机这个案例当中,人们先借助于感觉来观察这款产品的诸多特征,然后再调用理性去分析这些特征背后的含义,进而完成对于产品的理解和认知。这种"先感性,再理性"的思维模式对于设计师是非常重要的。因为感觉中包含着很多鲜活的信息,这些是很难直接用理性来捕捉的。前面张小龙所谈到的傻瓜状态实际上是设计师在排除理性的干扰后调用最初鲜活感觉的过程。

3. 理性与感性的有机融合

设计创新的过程当中既有理性,又有感性,两者是一个不断循环迭代的过程。

但当设计师面对新的设计问题或者问题的新视角时,设计师需要先清零以回到最初的状态来捕捉感性的第一印象。这里并不是说第一印象一定是准确的,但第一印象是最真实的,能够让你清楚地知道什么东西吸引你,如果先行调用了理性来分析,那么第一印象的鲜活性就不存在了。

此外,事物对人的影响往往很难呈现,第一印象可以把潜意识中的这种影响清晰地呈现出来。

捕捉到第一印象以后,再调用理性来分析第一印象的成因,在产生一些新的想法以后,还需要再次清零以捕捉第一印象,而后再次调用理性来分析。如此,不断地循环迭代,最终实现理性与感性的有机融合。在第四章第二节竞品启示中我们也使用了这样的思维模式。

第九节　设 计 评 价

创新不仅需要进行思维的发散,还需要对创造出来的各种可能性进行评估,以判断新事物的价值和意义,因为"新"未必等同于有价值。

一、设计思考

当下,中国新能源汽车展现出极为强劲的发展态势。如果你想购买一辆新能源汽车,你会用怎样的标准来帮助自己进行选择呢?

请记录下你的思考过程!

二、正向与负向的设计指标

通常设计师会在大量方案中优中选优,这时所使用的评价指标往往是正向的评价,比如选择可行性最高、用户认可度最高的方案;但设计问题的复杂性往往会让设计师在面对众多的设计方案时难以抉择,这时设计师可以建立一些负向的评价指标,帮助设计师排除一些设计方案。

苹果的设计师在设计 Apple Watch 的时候便早早放弃了圆形的设计方案,这不仅仅是因为方形的屏幕利用效率要大于圆形的,更主要的是苹果希望 Apple Watch 是一个独特的、有创意的新产品。如果使用了圆形,用户在潜意识中会将其归类为表这一类的产品,其独特性和创新性就会大打折扣。这便是先用负向的评价指标进行排除,再用正向的评价指标进行确认的案例。

三、设计思考解构

针对上面这个问题,估计你会有以下几个思路。

1. 关键点聚焦评价

新能源汽车相比于传统燃油车的一个主要问题是续航能力不足,容易导致用户产生里程焦虑。这个问题对许多用户来说是非常重要的。基于这一点,你做出的选择可能是混合动力的新能源汽车,而非纯电动汽车。结合销量数据来看,理想的 L7 和 L8 可能是你的理想选择。

2. 线性脉络评价

假如你是一个二孩家庭,对汽车内的空间要求非常高,那么空间大将是你选择的一个重要维度。然而,空间大这个评价维度不是一个点,而是一个从空间比较大到空间很大的线性评价维度。你有多种选择:

SUV:大空间的 SUV 不仅空间大,乘坐空间的位置也比较高,有更好的视野和安全感受。

猎装车:猎装车基于轿车架构,拓展了后备箱空间,在提升装载能力的同时保留了轿车的易操控性。

MPV:MPV 是在传统小型面包车的基础上发展而来的,其空间最大,同时在豪华性方面也有较高的配置。

另外,由于不同品牌在上述 3 种车型中的差异化设计,你需要在空间大这个线性维度上进行仔细权衡与抉择。

3. 面状矩阵评价

如果你是一个年轻人,正在考虑买自己的人生第一辆车,那么汽车的颜值和驾驶的乐趣很可能会是你考虑的两个重要维度。将这两个维度分别放在横、纵坐标轴上,它们将构成一个二维分析矩阵,你的决策将在这个二维平面内展开。

你可以分别对备选车辆的颜值和驾驶乐趣进行排序,然后将排序的结果转移到二维分析矩阵中,以便比较备选车辆,帮助你做出决策。

4. 多维立体评价

在很多情况下,我们考虑问题的因素不止一两个。除了汽车的空间、颜值、操控性之外,汽车的价格、智能程度等因素也会影响我们的抉择。这时需要进行多维思考,你可以采用雷达图(图 3.35)帮助分析评价。

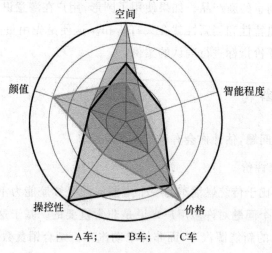

图 3.35　雷达图

对于多维立体评价中的不同评价维度,设计师要主动赋予其不同的权重,以提升评价的效率。

四、两种评价状态

设计评价的活动包含了两种评价状态:探索性评价和结论性评价。

1. 探索性评价

探索性评价发生在设计思维发散与方案迭代的初期,着重于对多元评价标准的广泛探索,以识别出真正高效、有价值的评价指标。

例如,在选车的过程中,起初你可能侧重于外观(颜值)和空间实用性,但随着对备选车辆的深入了解,你可能逐渐意识到车辆的智能化所带来的驾驶安全性和便捷性才是最重要的。

所以,探索性评价是评价标准动态成长的一个过程。第四章讲到的设计定义便是典型的探索性评价系统。

2. 结论性评价

经过前期的广泛探索,设计师给出结论性评价,这标志着其已提炼出一套最为精炼且高效的评价标准。这一标准需要具备直观明了、针对性强的特点,能直指设计问题的核心。第四章讲到的在场意义便是典型的结论性评价系统。勇敢给出结论性评价不仅有助于设计项目的高效推进,还有助于设计师自身直观判断能力的培养。

第十节 设计思维模式的总结

一、9个设计思维模式

本章讲了9个设计思维模式。

思维模式1:创造与评价相分离。

思维模式2:进行有规律的尝试。

思维模式3:提出100个想法。

思维模式4:模板化思考。

思维模式5:想象力的解构与建构。

思维模式6:问题定义与解决方案的协同进化。

思维模式7:设计原型化思考。

思维模式8:先感性,再理性。

思维模式 9：设计评价。

初学者对于这些思维模式会有一定的不适应，尤其是逻辑思维较强的初学者。但是这些思维模式是符合设计创新场景的，也是设计问题的结构不良属性所造成的客观要求。

思维模式的转换不容易，人们需要在下意识当中对抗原有习惯的思维模式，也需要多实践、多体验。

二、理论基础

思维模式 1"创造与评价相分离"是设计思维的理论基础，强调了先进行思维发散，再从发散过程中进行选择（评价）。

三、发散思维

思维模式 2～5 是发散的思维模式，目标是为了提升设计师的想象力和创造力。

思维模式 2"进行有规律的尝试"是设计师的整体操作模式，思维的发散不是漫无目的地发散，设计师可以有意识地借助于一些规律来帮助自己进行整体性的发散，以保证探索出所有的可能性。

思维模式 3"提出 100 个想法"是衡量思维发散程度的硬性指标，用多的数量来保证高的质量。

思维模式 4"模板化思考"可以支撑设计师快速提出 100 个想法，此处强调"快速"，这样才能保证创造与评价相分离。

思维模式 5"想象力的解构与建构"详细描述了如何把思维模式 2～4 具体应用到想象力和创造力的提升上。

四、评价思维

思维模式 6～9 是评价的思维模式，其目标是提升设计师的洞察力。

思维模式 6"问题定义与解决方案的协同进化"是为了打破"先定义问题，再解决问题"的思维认知，引导设计师在提出解决方案的过程中构建设计的评价标准。

思维模式 7"设计原型化思考"让抽象的设计概念具体化、可视化、可操作化，设计师借此发展设计的评价体系。

思维模式 8 强调了"先感性，再理性"的感知和评价过程，以避免先入为主的评价。

思维模式 9"设计评价"从点、线、面、体等视角分析了设计评价的结构体系，指出设计评价要根据问题的场景，在解决问题的过程中，从多个视角找到评价问题高效且简洁的评价指标,其中也包含了思维发散的过程。

本章参考文献

[1]　孟昭兰. 普通心理学[M]. 北京:北京大学出版社,1994.

[2]　马丁,汉宁顿. 通用设计方法[M]. 初晓华,译. 北京:中央编译出版社,2013.

[3]　华莱士. 思维的艺术[M]. 戴春勤,译. 兰州:甘肃人民出版社,2003.

[4]　诺曼. 设计心理学1——日常的设计[M]. 小柯,译. 北京:中信出版社,2003.

[5]　AR增强现实技术应用——乐高玩具互动式产品展示台[EB/OL]. (2011-09-04) [2023-01-05]. http://v.youku.com/v_show/id_XMzA0MDkyMDY0.html? from= s1.8-1-1.2.

第四章 设 计 执 行

在前文介绍了设计意识和设计的思维模式之后,本章将具体讲述如何执行设计工作。

第一节 设计执行框架

一、3层框架

本书提出图 4.1 所示的设计执行框架,其中具体包含了底层设计方案的发散、中间设计定义的多次迭代和顶层产品创新意义的提炼。

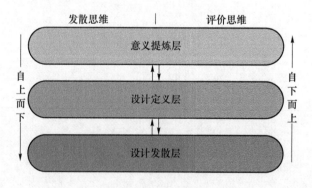

图 4.1 设计执行框架

设计师既可以先预设一个高价值的创新意义,然后以此意义为指导,将其落实到具体的设计方案中;也可以先在设计发散层中不断地探索,从中寻找新的创新机会点,再对这些创新机会点的价值进行评价,从而提炼出高价值的产品创新意义。也就是说,设计创新既可以自上而下地从顶层向下设计,也可以自下而上地由底层向上设计。

在这个 3 层框架中,设计师都会不断地将发散思维与评价思维进行迭代。我们要意识到设计师在设计定义层和意义提炼层依然会用到发散思维来帮助自己进行设计定义的迭代和设计意义的提炼。思维的发散过程不仅仅存在于底层的设计发散层,每一层都存在"先发散,再评价"的思维过程。

二、设计发散层

设计发散层是设计执行和落地的最底层,其包含了调研、设计和研究 3 个模块(图 4.2)。

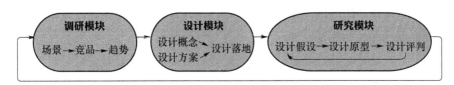

图 4.2　设计发散层

① **调研模块**是针对现有信息和情况进行调查与研究,包含了问题场景挖掘、竞品和设计趋势带给设计师的启示。

② **设计模块**是根据调研和研究 2 个模块的结论,运用发散思维提出多种新的设计概念和设计方案。这里主要是探索多样化的问题解决方案。

③ **研究模块**是根据设计方案进行推演,提出一些值得研究的假设,再结合设计原型对这些假设进行验证。其不同于前面的调研模块,调研模块是对已经存在的、与设计项目相关的外在世界进行研究,研究模块则是基于设计方案的需要提出新的假设和新的研究课题。当没有提出新的设计方案时,设计师可能并不知道要研究什么。只有当一个新的方案出现时,设计师才会意识到新方案中蕴含的某些东西是需要进一步深入研究的,这是前期的设计调研无法预见的。这与前面第二章设计意识 5 所提倡的"先设计,再研究"的迭代思维一致。

比如,2023 年苹果推出了新一代的 VR 眼镜 Vision Pro,其中一个较大的突破是放弃了传统 VR 眼镜都使用的操控手柄,而采取手势控制的方式进行人机交互。在早期的调研中,由于传统 VR 眼镜都使用操控手柄,因此设计师便不会想到研究手势控制的方式。只有设计师提出了手势控制这种新的人机交互方案,相关的研究才会进入设计师的视野。这是典型的"先设计,再研究"的设计模式。突破性创新大都是符合这种设计模式的。

调研、设计和研究 3 个模块是一个不断循环迭代的过程。不必纠结哪个模块是设计的起点。

三、设计定义层

在大部分的设计流程中,明确设计定义往往是一个关键节点。在该节点之前,要通过相关的设计调研提出具体的设计定义;在该节点之后,便要紧紧围绕设计定义来开展方案设计。但是,正如本书设计思维模式 6 中所指出的问题定义与解决方案应协同进化一样,不经过设计方案的推演,设计师很难真正理解设计问题,也无法给出准确、合理的设计定义。所以,设计师首先要意识到设计定义是一个不断迭代的过程如图 4.3 所示。设计发散层的 3 个模块随时都会推动设计定义的演化和成长,设计定义并不是在某个节点以后就一成不变。

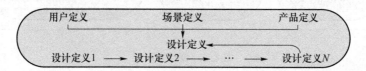

图 4.3　设计定义层

设计定义具体要给出场景、用户、产品 3 个层面的定义(详见第四章第五节)。

四、意义提炼层

意义提炼层(图 4.4)是在设计定义层之上的进一步抽象和提炼。其目的就是找到设计创新的在场意义。

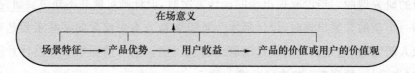

图 4.4　意义提炼层

在场意义是对设计方案的终极提问,即新的设计拥有怎样的价值和意义,以支撑产品在应用场景中,打败竞争对手而存活下来。设计创新整体工作的核心目标就是打造出一个富有竞争力的在场意义。

对于在场意义的提炼,设计师需要从场景特征、产品优势和用户收益中提炼出产品的价值或用户的价值观,从而表达出设计方案存在的意义(详见第四章第六节)。

最终整体的设计执行框架如图 4.5 所示。

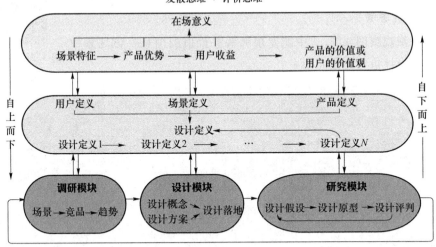

图 4.5 设计执行框架

第二节 设计发散层:调研模块

调研往往是设计师在最开始接触设计项目时所采取的手段。其目标是对与问题相关的各个层面有一个初步的整体认知。调研模块具体包含了场景挖掘、竞品启示、趋势启示 3 个部分,如图 4.6 所示。

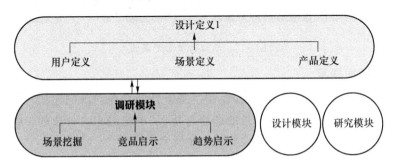

图 4.6 设计发散层:调研模块

一、场景挖掘

1. 设计思考

请仔细观察图 4.7，从中能发现哪些有价值的信息？该场景中有怎样的设计价值和创新机会？

图 4.7 的彩色图

图 4.7 办公场景挖掘案例

2. 场景挖掘框架

场景挖掘是对问题场景的探索，也往往是设计师最先接触问题的窗口。设计师希望通过对问题场景的调研分析，从中挖掘出有价值的创新机会点。具体的场景挖掘框架如图 4.8 所示。

问题场景

3. 现象层

对于问题，应透过现象看本质，这句话的潜台词是现象层并不重要，本质层才是关键的。但事实上，清晰完整地把现象描述清楚是发现问题根源的基础。

现象层又细分为实体层、抽象层和行为层。

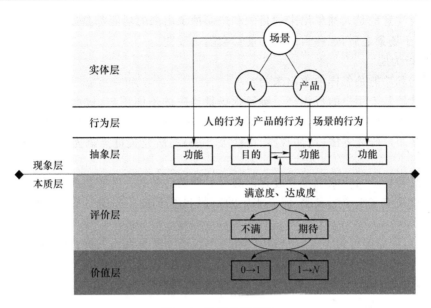

图 4.8　场景挖掘框架

1）实体层

问题场景中包含了三要素：人、产品和场景，它们是真实存在的，我们称之为实体层。

- 人＝多个细分用户＋利益相关者；
- 产品＝目标产品＋周边产品；
- 场景＝环境＋情境＋时间。

更详细的描述参见第二章第二节的"用户研究思路"和第四章第五节的"设计三要素"。

2）抽象层

与实体层相对应的是抽象层，是人们对于客观实体层三要素的抽象性理解，是主观认知客观实体的必经之路。而抽象层还属于现象层，因为它是基于实体层抽象出来的东西，并不能随着人的主观意愿随意改变。

（1）人抽象出的是"目的"

人出现在场景中都是有目的的。具体的各个细分用户有什么样的目的，利益相关者又有怎样的目的，都需要设计师进行仔细的分析和甄别。

（2）产品抽象出的是"功能"

产品在场景中的存在价值来自它所提供的功能，功能是产品的核心价值。功能是以帮助人完成一定的任务为表象的，产品则是这一功能任务的载体。

（3）场景抽象出的也是"功能"

场景为人与产品搭建了一个背景舞台，让人在这一场景下达成自己的目的，也让产品完成自己的功能任务。场景所承载的功能既有服务于人的功能，也有服务于产品的功能。

需要注意的是人抽象出来的目的和产品抽象出来的功能都是以问题场景为基础的,脱离于场景之后,这些目的和功能都会随之改变。

3）行为层

目的和功能是怎样抽象出来的?

设计师基于用户的行为来了解问题场景当中的不同用户,进而分析出他们出现在这个场景当中的目的。这是设计师一个非常专业的研究用户的视角——行为视角。很多用户研究方法(比如观察、访谈等方法)的研究关键点都是对用户行为进行细查。

产品和场景的功能也是通过它们的行为展现出来的。洗衣机所具备的洗衣功能是通过搅动泡在水中的衣服、漂洗水中的衣服和甩干衣服这样一系列的行为表现出来的。

注意,产品的行为不仅仅是指动态的行为,产品所呈现出的静止的形态也是一种行为的表达。例如,图4.9所示的椅子没有任何动态的行为,但其所呈现的包裹状态会引导人下意识地坐进去,并让人自然而然地把脚搭在脚凳上。而这些静止的形态也反映出了产品的功能。

图4.9　阿纳·雅各布森(Arne Emil Jacobsen)设计的蛋椅

所以,现象层还包括行为层,行为层是连接实体层和抽象层的纽带,是设计师客观认知现象层的主要入手点。通过对行为的分析,设计师可以分析出人的目的以及产品和场景所承担的功能。

4. 本质层

设计师是从评价层和价值层两个层面分析问题本质的。

1）评价层

现象层抽象出了目的和功能,设计师就可以从"满意度、达成度"的视角来评价目的与功能之间的匹配关系。如果产品和场景所提供的功能未能达到人的目的,此时设计师就能找到了问题场景中的痛点和需求;如果其达到了人的目的,但却不能令人十分满意,此时设计师就可以从未来期待的视角去挖掘,看有没有更好的创新机会点。

2)价值层

注意不是所有的不满和期待都有设计价值的。

在评价层,设计师找到了很多的设计创新切入点。但这并不意味着设计师要把这些不满和期待都引入后续的设计创新活动中。一来并不是所有的不满和期待都是可以通过设计创新的手段来进行解决的。比如,很多年轻人都对如今高昂的房价很不满,并期待房价能够与大多数年轻人的年收入有恰当的匹配。但很显然,这样的不满和期待是无法仅通过设计的手段改变的。二来每个设计创新切入点所蕴含的价值也是有高低之分的。设计师要从中选出最有价值的设计创新切入点。

站在学习设计的视角,当前能够评判出哪些设计创新切入点是"从 0 到 1 的具有突破性的创新"以及哪些设计创新切入点是"从 1 到 N 的渐进式创新"就可以了。

对于设计创新切入点的选择,除了设计师会参与其中,技术开发人员、商业战略制定者和企业的高层也会给出自己的建议。这需要综合考虑技术开发的可行性、企业的商业战略、市场的竞争态势和设计师的建议等多个因素。

所以,问题场景挖掘的目标并不是找到用户的不满和期待,而是找到对企业发展和服务社会有价值的设计创新切入点。

5. 案例分析

下面再对图 4.7 进行分析。

1)用户猜想

你可能猜该用户是一位女性,最直接的证据是左侧的蓝色杯子,它似乎是冲泡咖啡的马克杯,色彩和小勺能够显示出这位女性的年纪不大;右侧黄色的桶似乎是零食桶,零食桶边上还有一个小玩偶,这些也都在暗示这位用户是女性。

2)办公桌猜想

办公桌的各种设施比较普通,右侧的储物柜敞开着,这里面没有过多的个人物品,也没有特别女性化的装饰品。

根据这些你的猜测是什么?作者的猜测是这个用户是一个比较典型的工科院校的女生或者这个用户并不经常来这个办公桌。

3)行为猜想

图片里有两台计算机:一台是台式计算机;另一台是笔记本计算机。根据图片的信息,请你猜测这两台电脑哪个是她常用的?两台有可能都经常用吗?

作者猜测笔记本计算机是她常用的,因为如果经常使用台式计算机,那么主机所放的位置是有些碍事的。如果用户经常使用笔记本计算机,那么这就暗示着她经常处于移动办公的状态,这也从另外一个角度印证她可能真的不经常来这个办公桌。

4）座位猜想

图 4.7 当中一个不太寻常的地方是,在办公桌的对面可以看到有两把椅子。对于这两把椅子你会给出怎样的解释?

作者的解释是可能经常有人坐在对面与这个用户讨论问题。

5）其他猜想

图 4.7 当中有很多的绿萝,估计你能猜想到这个办公室刚装修好。

6）寻找设计创新切入点

根据上面这些猜想,结合场景挖掘的分析框架,我们认为第四个猜想中,人的目的与物品的功能之间的满意度差距会比较大。

首先,现代人的工作是与计算机密不可分的,沟通的时候双方经常会同看一台计算机。但目前来看无论是笔记本计算机还是台式计算机,对这样行为的支撑力度都是不够的。尤其是台式计算机的显示器是一个很适合双方一起观看的屏幕,但显示器的支架是无法满足这样的需求的。把它设计成一个可旋转的支架,似乎是一个不错的设计创新切入点。

其次,沟通的双方应该是坐在桌子两侧的,但桌子的宽度比较窄,在双方面对面沟通时腿有可能会碰到,这难免会有些尴尬。

所以,在这里初步认定针对第四个猜想会是一个不错的设计创新切入点。

7）案例总结

这个案例基于一张图片进行分析。它来自作者研究生课堂上的一个小课题。这个课题要求学生拍一下自己在实验室的工位或者在公司实习的工位,也可以拍他人的。然后学生们把这个工位图片互换,进行问题场景的分析。

在真实的问题场景挖掘过程中,设计师可以对用户进行访谈,以验证之前的各种猜测,也可以想办法获得用户行为的视频,这可以提供更为丰富的信息。但总体思路都是基于目的与功能的不匹配提出各种猜想,进而判断哪个猜想的创新价值更高。

二、竞品启示

竞品启示

关于竞品,我们通常说的是竞品分析,但这里讲的是竞品带给设计师的启示。

竞品分析一般是由市场营销人员来做的,主要用来描述市场现状以及分析现状形成的原因,对于设计是有积极意义的;但设计师不会仅仅局限于此,更希望通过对竞品的研究,从定位和品质感两个方面找到能够带给自己启示的刺激物,帮助自己去探索未来的可能性。

其次,竞品分析是基于客观数据来进行分析的,而竞品启示则是先捕捉设计感觉,再用数据去补充和验证这种感觉,最终获取竞品对设计师的启示。

1. 竞品启示的目标

设计师的主要工作目标是找到产品定位和提升产品品质感,竞品启示主要也是为这两个目标而服务的。明确竞品启示的目标是非常重要的,不然我们很容易陷在各种数据的搜集工作,而不知道拿这些数据来做什么。

2. 寻找合适的竞品

寻找合适的竞品有两个思路。

第一个思路是从排行榜和调研报告当中来寻找合适的竞品,即看看在各种排行榜前面的竞品是哪些,以及有哪些竞品被调研报告重点提及和分析了,然后分析它们反映出的设计共性和趋势。

自苹果手机诞生以来,它就基本上定义了智能手机的形态:1 个矩形加 4 个圆角。这便是处在排行榜前面的竞品对后来者的统治性影响。做竞品研究就是先要找到这种统治性的影响趋势,然后再选择是跟随还是颠覆。

第二个思路是在市场上寻找能够吸引设计师注意力的新的、奇特的产品,这是市场的微观分析。并且这些新的、奇特的产品往往对设计师的启示意义更大。

比如,2016 年小米发布 MIX 概念手机,并创新性地提出"全面屏"的概念定位,于是乎各种全面屏的衍生概念相继推出(如"水滴屏""美人尖"等),甚至苹果也受此影响推出了"刘海屏"的全面屏手机。而小米的全面屏概念又来自哪里呢?小米应该受到了 2014 年夏普所发布的 Crystal 的启发,发现了全面屏概念的价值。3 款全面屏手机如图 4.10 所示。

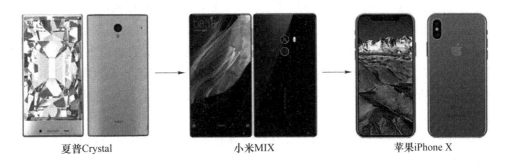

夏普Crystal　　　　小米MIX　　　　苹果iPhone X

图 4.10　3 款全面屏手机

如果只盯着排行榜,想要发现夏普的这款手机几乎是不可能的,因为无论是它的销量还是品牌的名气都很难进入排行榜。但是对于这款手机屏幕所带来的突破性创新,设计师是不能忽视的。设计师不能仅仅盯着排行榜上的产品,还要对各种新的、奇特的产品,甚至是失败的产品,保持嗅觉的敏锐。

3. 研究竞品

找到竞品以后设计师要如何研究竞品呢?设计师是对数据进行分析、听取用户的意见？还是找专家进行访谈？实际上这些研究竞品的方式都是需要使用的，但这还远远不够。

设计师拿到竞品以后，首先要做的就是仔细感受这个竞品，而不是急于查看各种数据，也不要听用户和专家的一些意见，这样才能保持自己第一印象的新鲜感。具体如何感受呢？先是很感性地看这个竞品中什么东西吸引了你或者什么地方打动了你，找到该竞品的吸引力。再理性地分析这个吸引力来自哪里，即分析产生这个吸引力是因为使用场景发生了变化，用户呈现了新的特征，还是产品体现出来了某种新的优势。最终你需要确认一下理性的分析和最初的感性认识是否一致。这样说有一点点抽象。这里我们结合夏普的全面屏手机 Crystal 来说一下感受吸引力的过程。

首先感受一下 Crystal 的吸引力到底在哪里。

这个吸引力应该就是手机上半部分极为规整（全平面）的屏幕以及细细的屏幕边缘。而夏普把手机设计成这样主要是想炫耀其在屏幕技术上的领先性——可以把屏幕的 3 个边缘做得非常窄。尽管说夏普是为了"炫技"，但是它也契合了当前主流电子产品的极简美学趋势。设计师经过后续理性的分析，可以确认这种美学的优势要比屏幕所带来的技术优势更吸引人，而在场景变化和用户利益方面的吸引力不是很突出。

当然，小米提出的全面屏概念也是非常关键的，夏普只停留在了"炫技"的层面，没有提出合适的概念来帮助用户认知其产品的创新价值。

4. 数据化竞品

接下来进入数据化竞品的阶段，即寻找相关数据来支撑前面的研究。

数据有两种类型：相对值的数据和绝对值的数据。相对值的数据是比较而来的数据，既可以跟自己以往的数据相比较，也可以跟其他竞争的数据相比较；绝对值的数据是单纯表述某种属性值的数据，其更多地关注数据的量级。看数据不能只看一种，看到一种数据时，一定要想到另一种的数据呈现方式，这样才会有比较全面准确的数据理解。

设计师在做数据化竞品的时候往往会出现找不到数据的情况，这个时候要怎么办呢？比如，我们想了解中国大学生每年网购花费的相关数据，却发现没有哪个官方渠道统计了这些数据。这时候设计师可以尝试估算数据。例如，设计师可以找一个大学生，让他先计算自己一年的网购花费，再通过他的高中同学去看看其他大学生的网购花费。注意，要检查一下此时调查的大学生在中国分布得是否足够均匀以及有没有有代表性。如果不够均匀就找大学生的高中同学来帮忙，以此类推就会得到一个全国各地大学生网购花费的平均数，然后把这个数乘以全国 3 000 万左右的在校大学生人数，就可以估算出大学生一年的网购花费了。

当然，这样估算出数据并不会非常准确，但是这并不重要，因为对于设计师来说数据的量级更重要、更有商业价值。此外,网购花费占个人生活费的比例也可用类似的方法进行估算。也就是说,既要估算绝对值也要估算相对值。只是估算的逻辑一定要合理!

总体来看,数据化竞品是对前面主观感受的补充和确认。

5. 明确启发点

在竞品启示的最后,我们还需要明确从竞品当中获得了哪些启发,以及这些启发对于未来产品的定位和品质感的设计有什么样的帮助。

这里可以借用第三章第四节思维模式 4 中的二维模板工具找到定位或者品质感评价的 2 个维度并定位出竞品启示的切入点。

6. 案例分析

请思考图 4.11 中的什么事物在吸引你?

竞品启示案例

图 4.11 Steelcase 制造的 Brody 工作休闲椅

1)吸引力分析

首先,图 4.11 中鲜艳的红色会一下子就抓住你的眼球,这是一个吸引点。这是很正常的现象,因为相关研究表明,人对于颜色的识别速度是远远快于对于形态、图形和文字的识别速度的。另一个吸引点是 4 个坐在红色椅子中的人,他们那种专注的工作状态让人很向往。

2)产品说明

跟着感觉找到图 4.11 中 2 个吸引人的点后将进入理性的分析

图 4.11 的
彩色图

阶段。

具体的理性分析还是围绕着场景、人和产品 3 个要素以及 3 个要素之间的关系来开展的。不过在分析之前，先介绍一下这件产品。这件产品来自全球最大的办公家具制造商 Steelcase，其总部位于美国密歇根州大瀑布城。这件产品叫作 Brody 工作休闲椅。Brody 工作休闲椅是一套系统化的私人办公隔间，可以单独或搭配使用。相比于开放式办公环境，较为私密的空间能使员工更加集中注意力，排除视觉与听觉的干扰，极大地提升工作效率。每个小隔间也配备了齐全的辅助设施，包括充电插口、台灯、放背包的小柜、可调节角度的桌子和靠椅等。如此"惬意"的环境可以帮助员工创造出更多的价值。

3）场景分析

通过产品说明，产品的应用场景也就很清楚了——私人的办公隔间。但工作休闲椅这个名字还是挺值得琢磨的，其中包含了两种似乎有些矛盾的状态。通常，人在专注地工作时是不能太过于懒散和放松的，最好是处在一个微微紧张的状态的；但这里却给出了一个休闲的状态！这是为什么呢？

事实上，Steelcase 通过研究发现人在稍微放松的状态下，创造力是最高的，紧张的状态反倒会使人的创造力下降很多。所以，Steelcase 在休闲椅上工作的产品定位还是很有洞察力的一个概念，这会给设计师带来新的启示。

4）产品分析

下面借用问题场景挖掘的框架从产品的角度分析产品设计。分析的思路是先分析产品的功能，再推出产品的具体设计。

这款工作休闲椅的功能主要有两个：一个是隔断功能，另一个是对各种工作状态的支撑功能。

（1）产品分析：隔断功能

先分析隔断的设计。Brody 工作休闲椅是半开放式的隔断，这是一个恰到好处的设计。人坐在椅子里面，其视线不再受周围人走动的影响，它对声音也是有一定阻隔作用的。同时，它的顶面并没有做成全封闭的状态，这样空气的流动性会更好，坐在里面的人也不会感觉压抑，它更不会像全封闭空间那样与周围环境格格不入。

再分析图 4.12 中组成整体 S 形挡板的 6 块 L 形组件，它们的形态都是一样的，这采用了"模块化"的设计理念。这样给生产、加工及运输带来了非常大的便利，也极大地降低了成本。

在每块挡板的垂直方向上，设计师还设计了具有向内包裹感的弧度。这样的设计会让用户在潜意识中有一定的安全感和稳定感。

最后分析隔断采用的色彩，这是一开始就对我们产生了极大吸引力的色彩搭配。你能看出它的色彩搭配有什么样的规律吗？它使用了纯度比较高的色彩，这样的色彩看起来比较鲜亮、年轻、有活力，并让相对较为严肃的办公空间不再那么沉闷。而且，在保持颜色纯度比较高的情况下，上、下的挡板采用了有对比度的色彩搭配：上面的挡板是偏暖的橙红色,下面的挡板是偏冷的玫红色。这样便形成了同一色系下又有对比和变化的色彩搭配。建议在你的设计中学习一下这样的色彩搭配。比如,你可以把这个红色换成绿色,即采用一个偏暖的嫩绿色和一个偏冷的深绿色来进行搭配。

图 4.12 的彩色图

图 4.12 Brody 工作休闲椅的竞品启示

（2）产品分析:对各种工作状态的支撑功能

在对各种工作状态的支撑功能上设计师设计出了"仰靠也能保持觉醒"的座椅角度,并给座椅加上了 1 个垫脚凳。这可以让用户处在一个较为放松和舒适的状态,但又不至于让用户过于舒服而变得很颓废。

为了支持工作,设计师设计了两块桌板:一块为静止的;另一块是可以移动和调整角度的。两块桌板搭配起来使用可以承载人的多种行为(仔细看图 4.12 中的 4 种不同坐姿)。移动桌板上的卡槽还考虑平板电脑和手机之类的移动设备的放置问题。椅子的角落里还有一个小台灯,这个看似有些多余的小台灯其实是很有助于帮助用户集中注意力的。有了一个灯光的照射范围后,人会忽略灯光范围之外的事物。最后,设计师也为包的存放做了一个小的设计。

总体来看,产品所提供的隔断功能和对各种工作状态的支撑功能还是较为充分的,这些设计都值得设计师仔细琢磨和学习。

5）人的分析

对于这个场景中的人来说,其首要目的是专注地工作。尤其在越来越开放的办公空间中,人是需要一个能让自己专注工作的私密空间的。这样新的用户特征对于今天的工作空间的设计提出了新的要求。

　　如果要对人进行进一步的分析，建议你从图中人的行为来切入，如用户都使用了一些什么样的物品进行工作，产品和环境是怎样支持这样的用户行为的。这对于你理解 Steelcase 设计师的设计思路是很有帮助的。

　　6）总结

　　在设计定位上，Brody 工作休闲椅针对专注的工作场景，设计了半开放式的隔断。产品品质感的设计中，双色的设计、模块化的设计等都能带给设计师一些启发。对于后续如何应用，设计师还需根据自己的设计项目进行斟酌。

　　你可以从 Steelcase 官网上看到更详细的关于 Brody 工作休闲椅的介绍和它更多的使用场景。[1]

三、趋势启示

　　竞品启示是微观的视角，趋势启示是宏观的视角。前者可以一事一分析，后者则需要进行长期的关注与积累，其对设计师的视野拓展和趋势判断有长远的影响。

1. 趋势分析方法

　　这里介绍的是卡根和佛格尔《创造突破性产品：揭示驱动全球创新的秘密》一书当中所提到的 SET 因素趋势分析法[2]。其中 SET 是社会、经济和技术 3 个英文单词的首字母，是指设计师要关注的社会、经济和技术 3 个方面的变化，并从中发现和预见它们可能对设计产生

趋势分析

的影响。该书结合星巴克的成功案例来讲解 SET 因素趋势分析法，如图 4.13 所示。该书作者认为星巴克的成功是因为它在社会、经济和技术 3 个方面都出现了相应的变化。星巴克提出了"第三空间"的概念，也就是在家和办公室之外的第三个空间，在这里人们是在以咖啡为中心的舒适环境中进行社会交往的。

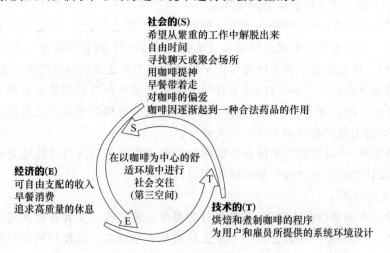

图 4.13　将星巴克引向成功的社会-经济-技术（SET）因素

2. 案例:星巴克送外卖的 SET 趋势分析

但是 2018 年星巴克与饿了么合作开始提供外送服务[3]！这就意味着星巴克开始用外卖的方式来卖咖啡了,那星巴克所主张的"第三空间"的理念是不是就没意义了？星巴克在做什么？难道星巴克是要推翻自己吗？网上的相关人士对这件事也给出了自己的分析和解释,但并不能回答前面的疑惑。这里借用 SET 这个思考框架,来分析了一下这个事情的内在逻辑。

从社会因素的角度来看,当前点外卖已经是人们一种重要的生活方式了。而当人们慢慢习惯了点外卖以后,再想让人们来到店里就是一件很难的事情了,而且很多人开始喜欢宅在家。这种宅也是当前一种比较典型的生活方式。

接下来我们再看一下经济因素。有数据显示,当前全球的咖啡市场正在快速增长,很多的资本都在投入进来,这将给产业的创新和升级带来新的机遇。毕竟我国目前年人均咖啡消费量不足 5 杯,而美国大概为 260 杯,日本大概为 210 杯,这个差额即中国咖啡市场未来的规模。再就是,移动支付、网上支付的普及让人们更加习惯进行网购,这支撑了外卖的商业模式。而且这时星巴克又有了一个非常强势的竞争对手:瑞幸咖啡。

瑞幸咖啡在 2018 年年初试营业,到 2018 年年底,瑞幸咖啡布局国内 24 座城市,门店数达到 2 073 家,迅速成长为国内第二大咖啡连锁品牌[4]。补充一个数据,星巴克在 1999 年进入中国,到 2019 年时才只有 3 300 家店[5]。而之所以瑞幸咖啡能快速开出这么多家店,是因为它的主要经营模式就是外卖。对于瑞幸咖啡的经营模式,现在还有很多的争议,而瑞幸咖啡的出现让星巴克不得不开始考虑外卖,并且促成了星巴克与饿了么的战略合作。

从技术因素来看,饿了么为星巴克制作了保温的外卖箱。星巴克自己也研发了防止滴漏的杯盖。这些都可以保证外卖的咖啡和在店里享用到的咖啡在口味上是基本一致的。

但是在分析完以后,SET 的这些因素仅能部分解释星巴克为什么开始送外卖,特别关键的、能够充分解释这件事情的因素似乎还没有被挖掘出来。那么到底是什么趋势因素被忽略了？

最终还是要回到"第三空间"这个概念上。请思考这些外卖的咖啡将会被送到什么样的空间,比如,思考它们是被送到家里和办公室,还是被送到其他空间。

现在人们的办公状态发生了很大的变化,人们在办公室的驻留时间不再仅仅只有 8 个小时。这导致办公空间除了要支撑人们的办公活动之外,还要能够帮助人们放松和休息,甚至人们可以在里面运动,否则这个办公空间是无法支撑人们"996"的工作状态的。这时办公空间出现了一个非常大的变化:出现了办公休闲区(图4.14)！即便是传统的办公写字楼里面也会腾出一些空间设置办公休闲区。这些办公休闲区一般宽敞明亮、视野好,人们可以在这里放松自己或者轻松地聊天。同时,该区域也会配备一些零食、茶水等,让人们在紧张的工作之余,放松身心。

图4.14　办公休闲区

　　这意味着星巴克所推崇的舒适环境下的"第三空间"并不只在星巴克才存在,很多地方都存在这样舒适的第三空间! 而这些环境所缺少的是什么呢? 正是星巴克那一杯杯香浓的咖啡! 这样来想星巴克送外卖并不是在推翻自己,而是在因势利导地卖咖啡!

　　对于星巴克来说,"第三空间"只是用来吸引客户到店消费的,而咖啡才是星巴克的核心,是星巴克的主要收入来源。送外卖只是改变了第三空间的位置而已,只要咖啡能卖得掉,甚至卖得更多,就不用管这个"第三空间"是星巴克自己的还是其他地方的。别人帮助星巴克创建了越来越多的"第三空间",对于星巴克来说这是一件节省线下投入的大好事。因为星巴克的核心还是咖啡!

　　如果只局限在咖啡的问题场景,星巴克送外卖这个案例是很难想清楚的,而SET因素中所隐含的大环境的趋势才是关键。设计师不能仅仅陷入竞品所提供的一些细节性启示里,更要关注宏观环境所呈现的大趋势对于设计方向的影响。

　　3. 趋势中的启示

　　设计师对于趋势的把握是一种持续性的行为。要想持续且敏锐地观察3个要素的变化,设计师平时要多积累。建议在电脑端和移动端都设立 SET 文件夹,每当看到相关的信息就将其保存到这些文件夹中,这样相当于对所看到的信息做了一次标记,当你需要的时候,你回忆起来的可能性就大,同时找起来也更方便。

　　设计师从趋势中获得的启示并不需要马上将其落实到具体设计创新实践中,只需随着新 SET 因素的出现而对未来趋势做出及时判断,并给出相应结论即可。不要在意趋势判断的结论正确与否,敢于下判断、下结论才是关键,这是保持设计师持续性思考的关键。注意,要保持判断和结论的开放性,让其随着新 SET 因素的出现而动态调整,保持自身的成长性。

4. 趋势设计思考

　　下面是一些可能对未来会产生影响的趋势,希望能启发你进行一些持续性的思考。

- 新冠疫情会让人们在未来更习惯于保持较远的线下社交距离。请问这将会是一个短暂的行为还是一个长远的行为?
- 受新冠疫情影响,线上学习的场景和资源越来越多。线上学习未来会成为一种主要的学习途径吗? 哪些人群更需要线上学习?
- 未来无线通信的速度会越来越快:6G 的速度大概是 5G 的 10～100 倍。在这种速度下,下载 100 部高清电影只需 1～2 秒。请问这样的一个技术将会如何影响未来人们的生活?
- 现在"国潮"设计可以在很多服饰和包装上看到。请问"国潮"设计只是流行一时的设计还是有可能发展成中国设计的特色?
- 在造车新势力中"蔚小理"(即蔚来、小鹏、理想)走的是高端路线,特斯拉则在不断地降低入门的门槛,他们在 20 万元～30 万元之间的竞争非常激烈。你怎样看他们的各自定位? 你更看好谁在未来的发展?

5. 案例分析

　　图 4.15 所示的办公空间设计来自美国的家具与室内设计厂商——赫曼米勒(HermanMiller)。其认为设计是企业经济的一个有机组成部分,并与世界著名的设计师进行合作,拥有自己的设计师队伍。HermanMiller 设计的 Aeron 网椅被认为是最舒适的安全座椅之一,并获得了欧洲家具工业研究协会(FIRA, Furniture Industry Research Association, FIRA)颁发的人体工程学优秀奖,该奖是欧洲人类环境改造学的最高奖项。现在,这张椅子作为永久展品陈列在纽约现代艺术博物馆中。

　　图 4.15 中一个值得注意的点是办公桌旁边的 1/4 圆形边椅,这与之前场景挖掘那个案例中所选出的设计创新切入点似乎是相同的情境,但该椅子的角度却有些奇怪,它是朝向外侧的,从图 4.15 中坐在这个椅子上的女生扭转身体来看它应该不是很舒服。为什么以设计舒适产品见长的 HermanMiller 会给出这样一个不太舒服的设计? 你会怎样解读?

图 4.15　HermanMiller 的办公空间设计

　　不太舒服的座椅角度实际上是在暗示不要长时间在工位上进行言语沟通。HermanMiller 确实发现了人们有在工位上进行沟通的需求，但这种沟通也会对周围人的工作产生影响，所以"简短"是这个沟通场景的一个重要特征属性。如何让这样的沟通变得简短？

　　坐时间长了便不舒服是一个很有创意的设计，能够避免直接提醒对方干扰自己工作的尴尬。如果事情确实很复杂，需要长时间的沟通，最好选择在会议室中沟通，而不选择在工位上沟通。

　　通过这个竞品，设计师在产品的定位上获得了新的启发，而这种启发在之前的问题场景挖掘中是不容易获得的，因为设计师会陷在问题场景所呈现的目的与功能不匹配的难题中。

　　再看图 4.16，一只可爱的小狗出现在图中，让办公空间轻松了许多。这是当前办公家具设计公司对于办公空间趋势的一种解读。随着人工智能技术的快速发展，机器人能够完成那些简单、重复、枯燥的工作，人更多地从事有创造性的工作。而创造是需要轻松的氛围的，轻松、人性化和富有创造力是未来办公空间设计的主流趋势，原来严肃、认真的氛围不再流行。之前的 Brody 工作休闲椅也是符合这样的设计趋势的。

　　在 Steelcase 和 HermanMiller 的官方网站上找到它们对于未来办公空间设计趋势和相关研究的报告，其中产品定位和品质感设计是能够给人诸多启发的。

图 4.16 HermanMiller 的桌边椅设计

第三节 设计发散层:设计模块

设计模块(图 4.17)是设计师进行创新设计的环节,也是最能体现设计师专业素养的核心环节。前面讲到的设计意识和思维模式都会在这一节中被应用。

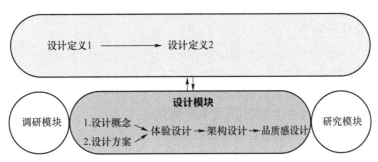

图 4.17 设计发散层:设计模块

一、设计模块概述

1. 两种设计思路

设计模块的设计有两种思路:一种是先构思一个顶层的设计概念,再将这一概念应用到具体的设计方案中;另一种是直接进行设计方案的推演,并在推演的过程中逐渐提炼出相应的设计概念。比如,对于一款新能源汽车的设计,一种设计思路是设计师先根据相关的竞品和市场发展趋势,通过思维的发散提出一些可能的设计概念,如科技人性化、科技运动化等,然后再尝试将这些设计概念融入具体的设计方案中;另一种设计思路是设计师直接从设计方案入手,画出大量的设计草图,再从中挑选出有潜力的设计方案并做进一步的设计推演,直至设计方案呈现出有竞争力的设计概念。前者自上而下,后者自下而上。

2. 设计概念的定义

设计概念是对可行的、有潜在价值的设计方向的描述,其不包含该设计方向具体落地的方案细节。这样就避免了设计师在潜意识中对设计方向的可行性进行评价,有利于保持思维发散的流畅性。

3. 设计方案

设计概念不是总能提前构想出来的。这时设计师会直接面对设计方案,通过绘制大量的设计草图来开展设计思考。画设计草图是设计师思维发散的过程,将设计师的思考过程外显,让设计师形成形象化的思维模式。设计草图实际上就是第三章第七节讲到的设计原型。设计师利用各种设计原型来帮助自己思考和推演设计方案。

4. 设计落地

最终,设计概念和设计方案的落地还要经历体验设计、架构设计和品质感设计 3个环节。

设计模块是设计师创造性思维最活跃的环节。设计师运用发散思维对问题场景进行充分的想象(详见第三章第五节),提出多个设计概念和设计方向,并最终将其落实到具体的设计方案中。

二、设计概念

设计概念是只进行概念发散,不管设计细节。

为了更清晰地描述概念设计阶段设计师的行为,这里以跑步 App 为例来说明设计师发散出的各种设计概念。

假设通过前期的调研,设计师发现很多跑步者在初期很难坚持跑步,这主要是因为跑步的过程较为枯燥。设计师尝试运用发散思维提出一些设计概念来解决这个问题,如图 4.18 所示。

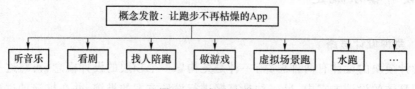

图 4.18　概念发散

- 听音乐：这是最先也是最容易想到的方法，音乐的娱乐属性和节奏感有助于缓解跑步的枯燥感。
- 看剧：在跑步机上一边跑步一边追剧，人被剧情吸引后会忽略跑步的枯燥感。
- 找人陪跑：找熟悉的伙伴、专业的跑步教练，甚至是陌生人来陪跑，这种陪伴会或多或少地缓解跑步的枯燥感。
- 做游戏：设计一些游戏场景，让跑者扮演不同的角色，完成相关的任务，从而缓解跑步的枯燥感。
- 虚拟场景跑：让跑者在一些虚拟的场景中跑步，比如在北京已经被拆掉的城墙上跑步，又或者在虚拟的伦敦街道上跑步，甚至是在太空这样的虚拟场景中跑步，……这些都会带给人很多的新鲜感，而忽略跑步的枯燥感。
- 水跑：下雨后，路上会有一些积水，人踩在上面会溅起水花，会有很爽的感觉。这种爽感能缓解跑步的枯燥感。
- ……

上述这些都只是方向性的设计概念。对于这些概念具体如何落地以及落地过程中存在怎样的困难，此时都先不深究。比如，对于多长时间的剧集适合跑者，陌生人陪跑是否存在安全问题，什么样的游戏场景会更吸引跑者，我们都不研究。发散出尽可能多的、方向性的设计概念是这个阶段的核心目标。

三、体验设计

设计的对象产品的形态有 3 种：实体形态、软件/App 类形态和服务形态。它们分别对应着工业设计、交互设计和服务设计。近些年这 3 种产品形态出现了融合的趋势。比如，滴滴网约车中包含了实体的

体验的元素

车辆、滴滴出行 App 以及司乘人员提供的服务。体验设计可以将这 3 种产品形态设计统一起来。

第一章第五节讲到的设计的核心目标是设计产品价值的被感知方式。而感知的媒介便是产品带给用户的各种体验。设计师通过对体验的设计，让用户感知到产品当中所蕴含的各种价值。

如何具体设计产品的体验？本节将介绍一些体验模型，以帮助设计师找到产品体验的设计切入点。

1. 设计师常用的体验设计切入点

（1）可用性

图 4.19 和图 4.20 所示为两款电视遥控器。图 4.19 所示为家庭中常见的传统电视遥控器，它有 53 个按键。看到这个遥控器后你有什么感觉？作者第一次看到这个遥控器的时候感觉它很复杂，它的功能似乎很多，因为它的按键很多。图 4.20 所示为苹果电视的遥控器，它仅有 5 个按键。此时，你体会到的又是什么？极简、好操

控是苹果的一贯风格。但是有些人可能会有些疑惑："传统电视遥控器用了 53 个按键才行,苹果电视的遥控器只用 5 个按键能行吗?"但实际操作后发现苹果电视的遥控器只用 5 个按键是可以的,因为"智能语音识别键"可以方便地完成大部分遥控任务。

图 4.19　传统电视遥控器

图 4.20　苹果电视的遥控器

　　在对比两款电视遥控器的设计理念时,有一个专业的术语来描述它们的不同:可用性。

　　可用性是一个用来描述在人们执行某项操作时产品的效率和准确性的指标[6]。也就是说,用户能用某产品又快又准确地完成指定的任务就表示该产品的可用性高!反之,则可用性低。比如,用传统电视遥控器调台时,你需要低头按几个数字按键才能调台,而用苹果电视的遥控器调台时,你只要按着语音识别键说出你想要看的台就可以了,其可用性是远远高于传统电视遥控器的。所以,可用性就是第一个影响用户体验的设计元素。

　　例如,在很多购物 App 中(图 4.21),在"加入购物车"按钮的旁边还有一个"立即购买"按钮,这是为了提高那些很清楚地知道自己想要什么的用户的购买效率。

图 4.21　购物 App 中的两种购买按钮

（2）美学

图 4.22 是"外星人"榨汁机,它有着长长的 3 条腿、一个大大的脑袋。这是著名设计师菲利普·斯塔克(Philippe Starck)的一件极具争议性的作品。

图 4.22 "外星人"榨汁机

你第一眼看到这件作品时能够清晰地理解它的榨汁功能。但是,当你真正使用它的时候,你会发现这是一款几乎无法使用的榨汁机。在向下压柠檬的时候,柠檬汁并不会像你预想的那样流到下面的杯子里,反倒会四处飞溅,溅你一身。如果你的桌面是木头的,那么它也很可能在桌子上留下 3 个坑,因为这款榨汁机的 3 个腿很尖、很硬。有了这样的使用体验后,你可能会认为这是一件失败的作品,不会有人购买它。但事实却恰恰相反,它自 1990 年生产销售至今,仍然是阿莱西专卖店中的畅销产品。

为什么会这样呢? 这明明是一件很不实用的产品,人们却趋之若鹜地购买。因为人们觉得外星人榨汁机很美,它即便不能榨汁,摆在家里也像一件艺术品。

"美"是人们愿意付出金钱去购买的一种产品体验。

（3）情感

图 4.23 所示为 1998 年大众重新设计的新甲壳虫汽车,浪漫的设计师在仪表台的旁边设计了一个与驾驶毫无关系的小花瓶:一朵小花的点缀,再加上音乐的陪伴,浪漫、温馨的情感油然而生,让驾驶不再枯燥和单调。这也是一个体验设计的切入点:主动设计某种情感(或情绪)体验。

图 4.23　新甲壳虫汽车内饰设计

在网上可以找到很多种情感分类方法,设计师可以据此思考能为产品设计怎样的情感体验[7]。

了解这些情感的细分,并不是要掌握这些情感的知识,而是要意识到应该把它们作为情感发散的模板,去主动设计产品的情感体验。

可用性、美感、情感这 3 个元素或理性或感性,或具象或抽象,是产品体验设计中非常重要的元素,也是设计师体验设计的主要切入点。

2. 基于学术模型的体验设计切入点

1) 实效价值、享乐价值和社交价值三因素模型

实效价值、享乐价值、社交价值是 M. 哈森扎尔、H. C. 杰特和 J. 格肯 3 位学者从用户在体验中所获得的价值角度提出的 3 个影响因素[8-9]。

实效价值是指使人们能有效地、高效地达成行为目标的价值,对应为传统的功能价值和可用性价值。

享乐价值是指使人们能表达个性、追求新奇感和刺激感的价值,体现为好看、令人激动、令人难忘、出色等属性。

人们购买某种产品有可能不是因为它的功能或可用性,而是因为它能满足人们社交上的某种需要,如使自己更时尚、更与群体一致等,这就是产品的**社交价值**。

对于"社交价值"这个因素要给予更多的关注。你先思考一下手机中的哪些App 不适合用于社交? 你可能会发现,绝大部分的 App 都有机会进行社交。这主要是因为我们已经进入网络化、信息化的时代,这为社交这个底层的需求提供了各种便利性的支撑。

2) 用户、产品、场景互动体验模型

学者 J. 福利齐和 S. 福特在 2000 年从用户与产品互动的角度研究了用户的体验,提出了图 4.24 所示的模型[10],他们认为,体验是在用户与产品的互动过程中产生的。而用户与产品的互动是基于当前的任务场景的。任务的时间、地点和环境等因素都会影响用户对当前任务的体验。而任务场景又受制于社会/文化场景,社会/文化场景中的道德价值观、宗教、习俗、语言等都会影响用户体验。

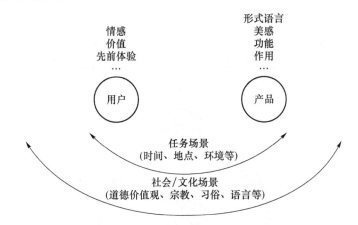

图 4.24 用户、产品、场景互动体验模型

所以场景这一要素又细分为任务场景和社会/文化场景两类,这是这个模型不同于其他模型的地方。这 4 个主要影响因素分别包含子要素,设计师在设计体验的时候可以逐一分析这些子要素,从中寻找有价值的创新机会点。

3) 整体体验模型

学者 V. 罗托认为前面所讲的用户、产品、场景互动体验模型描述的是单次使用体验。如图 4.25 所示,用户在经历多次的单次使用体验后最终会形成整体用户体验,而其又会通过反作用来影响单次使用体验[11]。单次使用体验与用户具备的知识和用户的心理预期相关;整体用户体验则与态度和情感相关。

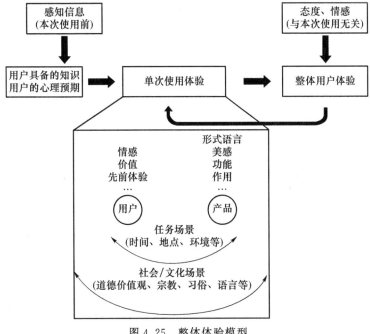

图 4.25 整体体验模型

125

4）三阶段体验模型

学者 E.卡拉帕诺斯、J.齐默尔曼、J.福利齐、J.B.马滕斯研究了整个产品周期中用户体验的变化。他们将整个产品生命周期分为导入期、适应期和认同期,图 4.26 所示,并给出了决定每个时期用户体验的关键因素[12]。

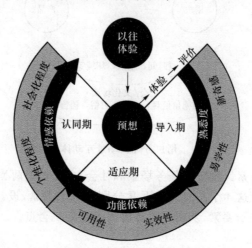

图 4.26　三阶段体验模型

在导入期,首要目的是吸引用户,并且让用户尽快熟悉产品。为此,这一阶段的产品体验主要通过新奇感来吸引用户的注意力,并且产品要简单易学、容易上手。这样才能让产品尽快地进入用户的生活和工作中。因此,新奇感和易学性是导入期产品体验的关键因素。

在适应期,要让用户对产品的功能形成依赖,使得产品逐渐融入人们的应用场景中,因此可用性和实效性对用户体验更为重要。

在认同期,人们对产品的心理认可度逐渐升高,并对产品形成了情感依赖。此时的产品要体现出用户的个性化需求以及群体的归属感。产品的社会化和个性化程度影响着这一时期的用户体验。

5）10 对因素模型

学者代 M.哈森扎尔根据前人对于用户需求的研究,总结出 10 对描述人的需求的关键词[13],这里将其转述为相对应的产品体验。

（1）自主-独立

你感觉自己十分独立自主,做出的所有行为都是自动的,而不是被动的。比如,京东提供了产品"对比"功能,这就是在支持用户独立自主的购买行为。

（2）能力-效果

你感觉自己是非常有能力的,而不是感觉自己无能。比如,性能车的方向盘的灵敏度更高,让你感觉自己有能力掌控高速驾驶的汽车。

（3）相关性-归属感

你感觉与关心自己的人有定期的亲密接触,而不是感觉孤独。比如,在你常去的贴吧里,你会遇到与自己有相同兴趣的人,你说的话也能获得回应,这都让你有归属感,觉得不再孤独。

（4）影响-人气

你感觉自己受到喜欢、尊重,并且对别人有影响力,而不是感觉没有人对自己的建议或意见感兴趣。其中最典型的例子是微信朋友圈,人们发一条朋友圈后都在或多或少地期待别人的点赞和评论,这客观反映了你的影响力。

（5）快乐-刺激

你感觉十分幸福和快乐,而不是感觉无聊和沮丧。例如,现在的电商都推出了"秒杀"的功能,这让"因需求而购物"的底层逻辑转换为"因低价的快乐而购物"。

（6）安全-控制

你感觉安全且感觉能控制自己的生活,而不是感觉不确定或受到威胁。例如,体型硕大的 SUV 能比低趴的轿车带来更多的安全感。

（7）身体健康-蓬勃发展

你感觉舒服和健康,而不是感觉不适和不健康。例如,现在很多的智能手环智能手表都能记录心率、血压、体温等数据,这些数据让你感觉自己的健康被关注。

（8）自我实现-意义

你感觉正在发挥自己最大的潜能,并且感觉生活充满意义,而不是感觉停滞不前、生活没有什么意义。

（9）自尊-自爱

你感觉自己是一个非常棒的人,而不是感觉自己像一个失败者。例如,高端产品除了具有实际功能之外还能给用户带来成功者的体验。

（10）金钱-豪华

你感觉有足够的钱购买大部分自己想要的东西,而不是感觉自己是一个穷人。例如,现在在购物中心会有一些小商品店,它里面都是一些价格不贵,但设计品质感较好的小商品。

6）移动设备的体验模型

学者 J.帕克等通过对移动设备的案例的研究,提出了"3 个主因素＋17 个子因素"模型[14]。3 个主因素是可用性、影响力、用户价值,它们对应的子因素如下。

可用性:(性能)简单、直接、信息量、灵活性、学习能力、用户支持。

影响力:颜色、精致、质地、尊贵、吸引力、(外观)简单。

用户价值:自我满意度、愉悦性、个性化需求、社会表征、产品附加价值。

7）基于马斯洛需求理论的体验模型

大多数人都是知道马斯洛需求理论的。这里借助于马斯洛需求理论[15]来启发设计师设计不同层面的产品体验,如图 4.27 所示。对于具体每一层的体验如何设计,可以结合马斯洛的需求指向来进行尝试。

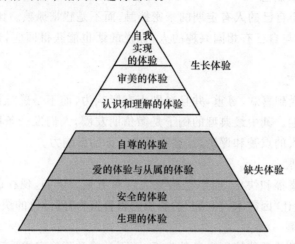

图 4.27　基于马斯洛需求理论的体验模型

这个体验模型又分为上、下两层。下层是缺失体验,称为刚需的体验。上层是生长体验,主要反映用户对于未来理想的追求的体验。设计师是容易想到缺失体验的,而生长体验是未来设计创新的突破口,建议设计师更多地从生长体验的视角设计产品的体验。

8) 三层级体验模型

图 4.28 所示的模型来自唐纳德·诺曼的《情感化设计》一书[16]。书中诺曼先生基于认知心理学指出了人脑的 3 种加工水平。这里将其转化为人们对产品的 3 种层次的体验。

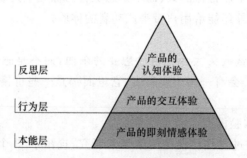

图 4.28　三层级体验模型

① 本能层的体验。它是指用户在刚接触产品时做出的下意识反应,这种下意识反应会带来非常及时的即刻情感体验。

② 行为层的体验。人们有了下意识反应以后,会在意识的支配之下与产品进行持续的互动,这时人们就有了行为层的体验。行为层的体验是在人们与产品的持续互动过程当中所产生的一种体验。

③ 反思层的体验。随着人与产品互动的深入，人们对于产品逐渐形成自己的理解与认知。这时人们对产品的体验进入反思层，并且这些认知将影响人们与该产品的下一步互动。

9）接触点体验模型

这个模型来自尼古拉斯·韦伯（Nicholas Webb）的《极致用户体验》一书，书中韦伯提出了接触点的概念[17]。这个概念在服务设计行业中经常被提及，但这个行业并没有像这本书一样对接触点做细致的划分。书中韦伯提出了 5 种接触点，我们也可以将其理解为用户对于产品的 5 种体验。

① 预触点时刻。这是用户还没有真实接触产品的时刻，但周围的人或者广告已经将产品的相关信息传递给了用户。在这一时刻，用户会基于有限的信息选择是进一步了解产品，还是直接忽略产品。此时设计师要让传递给用户的有限信息更加具有说服力。

② 首触点时刻。这是用户刚刚开始接触产品的时刻，这个时刻要给用户"快速且密集的微体验"。也就是说，这个时候的用户体验是丰富的，不必过于追求宏大的用户体验。

③ 核心触点时刻。这一时刻要围绕产品的核心功能、核心竞争力设计产品体验，其目的是引导用户一步步了解产品的核心功能并认同这是产品的核心竞争力。

④ 完美末触点时刻。这一时刻要将用户的满意度提升到意识层面，并且要刻意加深用户满意体验的印象，给其一个值得回味且难忘的记忆。

⑤ 内触点时刻。这一时刻要设计关于产品独特性、相关性和获得感的体验，它们会辅助核心触点来丰富产品的体验。

10）体验经济模型

体验经济模型来自约瑟夫·派恩和詹姆斯·H.吉尔摩的《体验经济》一书[18]。这是一本研究体验的开创性著作。其认为体验经济是服务经济的延伸，是农业经济、工业经济和服务经济之后的第四类经济，强调顾客在感受上的满足感，重视消费行为发生时顾客的心理体验。

根据人的参与水平，书中将体验分为主动参与和被动参与。被动参与是指人无法直接对体验活动产生影响，如听音乐的人就属于被动参与者，他们在体验时只能作为观察者或聆听者。主动参与是指人可以对体验活动产生影响，如踢球、跑步的人就属于主动参与者，他们能够亲自参与整体体验过程的创造。

根据参与者的背景环境，作者将体验分为吸引式体验与浸入式体验。吸引式体验指的是体验活动远距离吸引人的注意力。浸入式体验指的是人真实或虚拟地投入体验活动中，成为体验活动的一部分。比如，对于看电影这件事，如果电影效果一般，观众只是在看，此时电影只吸引了观众的注意力；如果电影非常感人，观众随着剧情而激动和流泪，此时观众完全投入剧情中，这就并不是简单地吸引观众的注意力了，而是让观众有了浸入式体验。

两种维度的结合产生出 4 种体验:娱乐性体验、教育性体验、逃避性体验和审美性体验。而它们两两组合又会产生如下新体验:

娱乐性体验+教育性体验=维持关注体验;

教育性体验+逃避性体验=改变背景体验;

教育性体验+审美性体验=促进欣赏体验;

逃避性体验+审美性体验=改变状态体验;

娱乐性体验+审美性体验=感受存在体验;

逃避性体验+娱乐性体验=创造宣泄体验。

具体这些体验如何解读? 此处受篇幅所限就不展开讲了,建议大家看一下原著。

本节借助于各种体验模型自上而下地重新设计了产品中的用户体验,这不同于调研模块自下而上地从问题和理想中挖掘出新的产品体验的设计切入点。

有了这些模型的帮助后,设计师能提出很多想法和产品体验的设计切入点,这是本节内容的核心目的。

四、场景体验设计框架

上文总结了产品体验的设计切入点,接下来讲述如何把这些体验落实到产品中。

体验的框架

场景体验设计框架(图 4.29)的流程:从场景入手主动地设计产品体验,并通过人的行为、产品的行为以及环境的设计将体验落实到具体的产品中,最后结合设计评价推动体验和行为的设计迭代。

这个框架主要从交互设计的视角来开展设计。其具体分为 3 层:意义层、设计层、评价层。意义层和设计层在进行创造,并与评价层相分离。

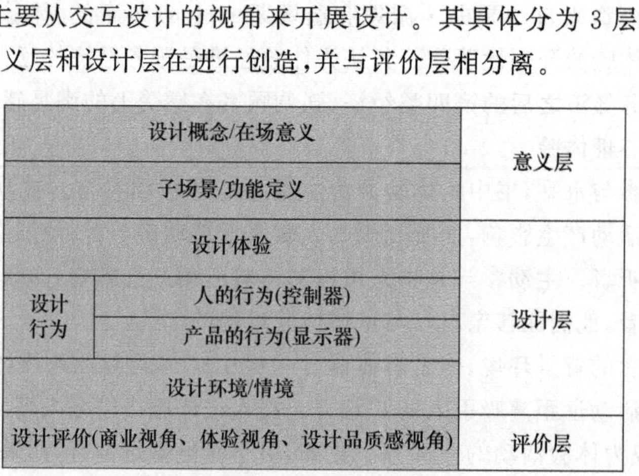

设计概念/在场意义		意义层
子场景/功能定义		
设计体验		设计层
设计行为	人的行为(控制器)	
	产品的行为(显示器)	
设计环境/情境		
设计评价(商业视角、体验视角、设计品质感视角)		评价层

图 4.29　场景体验设计框架

1. 意义层

意义层包含两个部分。

1）设计概念/在场意义

一个设计概念是指一个设计方向，即从前期提出的众多设计方向中挑出的一个初步方向。在场意义则是描述这个方向的价值和意义（详见第四章第六节）。

2）子场景/功能定义

根据前面的设计概念，将产品的应用场景拆解为相关的子场景。子场景的拆解可能有多种不同的方式。建议设计师多尝试不同的拆解方式。

除了按场景进行拆解之外，还可以按产品的不同功能进行拆解。至于具体哪种拆解方式更合理要看哪种拆解方式更有利于后续设计的创新。

2. 设计层

设计层包含了设计体验、设计行为（包括人的行为和产品的行为）和设计环境/情境 3 个部分，这些都是需要设计师主动设计的，这个过程里面依然会出现思维大量发散的环节。此外，这一层还会用到人机交互模型。

1）设计体验

设计师根据前面拆解的子场景或者功能，为每一个子场景设计不同的体验。在这一过程中设计师在进行主动创造。建议设计师在这一过程中多尝试前文所讲的各种体验要素。

2）人机交互模型

人机交互是指在人与机器之间进行信息的交流和传递，人机交互模型如图 4.30 所示。当人想要操控机器的时候，他会通过控制器发出指令，比如，鼠标和键盘就是最常见的一种控制器。机器在接收指令后会执行这个指令，并将这个指令执行的结果通过显示器反馈给人。显示器不仅仅是指屏幕显示器，指示灯、铃声，甚至触感、气味都属于显示器。

图 4.30 人机交互模型

在交互设计中，设计师很大一部分的工作就是设计合理的显示器和控制器。并且现在人们也总结出了一些显示器和控制器设计需要遵守的交互原则。你若想全面地了解这方面的内容，可以看艾伦·库伯等人所写的《About Face4：交互设计精髓》

和唐纳德·诺曼所写的《设计心理学 1——日常的设计》。

4）设计行为

产品的体验是在人与产品互动的过程当中形成的。若想让体验落地,设计师要把人的行为和产品的行为设计出来,让这些行为表达出产品的体验。

人的行为将直接影响控制器的形态。产品的行为可以理解为显示器的各种行为。这既包括执行人的指令的行为,也包含输出指令结果的行为。

5）设计环境/情境

这里设计师既要设计场景中物理环境带给用户的体验,也要设计场景的情境氛围带给用户的心理体验。

3. 评价层

意义层和设计层是在创造新的体验,评价层是在评价设计层与意义层的逻辑关系是否一致,进而推动二者修正和迭代。

1）商业视角

产品都是有自身的商业目标的,基于商业目标的达成情况对之前所设计的体验开展评价。比如,一个新产品上市,那么这个产品的新奇感、刺激感和易学性是设计师主要设计的体验,具体可以参考三阶段体验模型;如果一个产品在上市一段时间以后面临成长压力,那么设计师就要多设计成长性的体验,具体可以参考基于马斯洛需求理论的体验模型。

2）体验视角

产品可用性、用户情感体验这些都是体验视角,他们是设计师评价产品体验的必要选项。设计师可以使用前文讲到的各种体验模型从体验视角评价意义层和设计层的设计。这些评价反过来也能激发出新的体验设计。

3）设计品质感视角

品质感包含了静态美学品质感和动态交互品质感。这两点既是设计师设计产品体验的切入点,也是推动体验迭代的关键要素。

场景体验设计框架的意义层、设计层和评价层并不是从上到下的线性流程。这个框架是没有起始点的,设计师有任何新想法都可以先填在对应的位置上,然后再向上或向下推演到其他层。最终要使 3 个层次互为支撑,且 3 个层次的逻辑关系自洽。

五、案例:跑步 App 的场景体验设计

为了更好地理解这个框架,我们以前文中虚拟场景跑的设计概念为例具体解释如何应用框架。在这里我们把虚拟场景具体定义为"中国的历史长河":让一个人从夏商周时期一直跑到如今的新中国,具体朝代的时间长短按比例对应到跑者规划的

跑步距离上,这样一个人对于中国历史朝代的更迭顺序和每一朝代的持续时间会有一个较为直接的认知。

跑者还是在真实场景当中跑步,但他们所听到的音频是中国历史的更迭顺序以及每一段历史当中的趣闻,这就相当于在真实场景基础之上又叠加了一个中国历史的虚拟场景,让跑步不再枯燥。

下面介绍具体如何把这样的一个设计概念落地到体验设计中。

1. 设计概念/在场意义

设计概念:在中国的历史长河中跑步。

在场意义:增加跑步的趣味性,这样可以帮助跑者转移注意力,缓解跑步的枯燥感。

2. 子场景/功能定义

1)子场景

将整个跑步的场景拆解为多个子场景,其可以有多种拆解方式。这里将跑步场景拆解为跑前、跑中和跑后 3 个子场景。你也可以把它拆解为清晨跑、下午跑和夜跑 3 个子场景,或者把它拆解为操场跑、公园跑、街跑、越野跑等子场景。

2)功能定义

对每一个子场景做功能上的定义。

- 跑前:可以设计一些激励措施和跑前的引导,以减少跑者对于跑步的犹豫感,也可以给跑者设计一些与历史相关的场景。
- 跑中:增强历史场景的代入感,增加跑者对历史的兴趣。
- 跑后:对跑者进行成就激励,引导跑者进行运动后的恢复。

3. 设计体验

设计体验过程是设计师主动设计的过程,里面还包含思维发散过程,这个过程不是设计师简单地根据用户需求做设计。这里会呈现较多设计师的主观思考和判断。

1)跑前

- 根据前面的功能定义,将跑前的体验定位在"提高效率"上。之所以这样设计,是因为很多跑者在初期没能坚持下来,跑步过程当中的枯燥感和疲劳感让他们心生畏惧。所以这里希望产品能够结合天气情况、运动间隔时间、跑者的身体状况等一些因素提前告知跑者什么时间适合跑步,并设置好提醒的闹钟。
- 闹钟响起后,产品要能引导跑者做好跑前的热身运动。
- 在跑者做热身运动时,产品可以开始播放一些今天跑步历史当中的趣闻预告,让跑者有所期待。同时这也是想要占据跑者的思维空间,让其没有时间思考要不要跑步。

2) 跑中
- 根据前面的功能定义,将跑中的体验定位在"增加趣味性"上。
- 产品要根据跑者的喜好、年龄、职业等特征挑选其感兴趣的历史趣闻。
- 每次跑步时跑者会听到不同的历史解读方式和内容。

3) 跑后
- 根据前面的功能定义,将跑后的体验定位在"增强自我认同感"上。
- 产品要显示跑者运动成绩的提高。
- 产品要显示跑者掌握了更多的历史知识。
- 产品要引导跑者进行运动后的恢复。

4. 人的行为

体验是在人与产品互动的过程当中形成的。所以,应该同时设计人的行为与产品的行为。这里为了表述清楚,将两者分开描述,但设计师一定要清楚人的行为与产品的行为是相互关联的。

1) 跑前

主要跟着 App 的引导完成跑前的准备和热身活动。

注意,这里尽量不要留给人有太多的思考时间,以避免跑者犹豫不决和产生畏难情绪。

2) 跑中
- 跑步。
- 听历史趣闻。
- 与产品进行互动,这里人有可能用语音、手势,甚至是跑步的动作来与 App 互动。
- 根据所听到的历史内容,作出相应的互动行为。比如,当一个新皇帝登基的时候,可以要求跑者加速跑;又或者当某个将军打败仗的时候,可以要求跑者进行折返跑。

3) 跑后
- 听运动成绩和历史总结知识。
- 完成跑后的拉伸动作。
- 期待下一次跑步和历史趣闻。

5. 产品的行为

1) 跑前
- 结合天气情况、运动间隔时间、跑者的身体状况等一些因素,提前为跑者制订跑步计划。
- 呈现以往的跑步成以绩激励跑者。

- 给跑者预告今天所要听的历史内容。
- 引导跑者做跑前的热身运动。

2）跑中

- 设计要讲述的历史内容、讲述的方式。
- 根据用户的步频调整语速，以引导用户跑步节奏。
- 根据历史的脉络，播报跑步数据。
- 根据跑者行为调整历史讲述的内容和音量。

3）跑后

- 播放跑步成绩。
- 引导跑者进行拉伸活动。
- 预告下次的历史内容。

6. 设计环境/情境

为了集中说明问题，环境和情境的体验设计主要放在跑中这一环节，此处就不开展叙述跑前、跑后的环境和情境的体验设计了。跑中具体发散出如下两个体验设计。

- 自动识别跑者的跑步环境，如操场、马路、公园等，并根据环境配背景音。
- 在跑道、路边指示牌设置一些智能装置，以跟跑者进行互动。

7. 设计评价

设计评价一方面是为了从之前得到的设计方向中选优；另一方面是为了推动意义层和设计层的迭代。

1）商业视角

从商业视角来看，结合中国历史的跑步 App 的设计概念有较强的独特性，能够与相关的竞品形成差异化的竞争优势。但是，仅仅做中国历史的话 App 的受众面有些窄，建议 App 做不同领域的历史，比如艺术的历史、汽车的历史、建筑的历史等。

2）体验的视角

从体验视角来看，设计强调了趣味性和自我认同感，参照马斯洛的需求理论，这两种属性的体验都属于成长型需求，其未来有较大的成长空间。这是符合未来体验设计的发展方向的。

建议设计师尝试设计其他成长型需求的体验。

3）品质感视角

从品质感视角来看，这个设计概念的很多品质感来自声音的交互。建议与技术开发人员合作，提升音质和音效，同时也要考虑周围环境对于语音交互的影响。

上述这个案例当中的很多细节是比较难用书面语言表述的。因为这些细节是动态的行为，用语言表达会很啰唆。图 4.31 更多的是清楚地表达场景体验设计框架的思维过程，以及每一个层级之间的逻辑关系，而不是展示完整的细节。实际应用时，设计师最好在一整面可以书写的墙上描述这个框架，这样会有较大的空间详述细节。

设计概念/在场意义	设计概念：在中国的历史长河中跑步 在场意义：增加跑步的趣味性，这样可以帮助跑者转移注意力，缓解跑步的枯燥感		
子场景/功能定义	跑前	跑中	跑后
	减少犹豫：激励+引导+场景代入	增强历史场景代入感+提高兴趣	成就激励+进行运动后的恢复
设计体验	提高效率的体验	增加趣味性的体验	增强自我认同感
设计行为　人的行为	完成跑前的准备和热身活动	· 跑步 · 听历史趣闻 · 加速跑 · 折返跑 · …	· 听运动成绩总结 · 完成跑后的拉伸活动 · …
产品的行为	· 结合天气情况、运动间隔时间、跑者的身体状况等一些因素，提前为跑者制订跑步计划 · 呈现以往的跑步成绩以激励跑者 · 给跑者预告今天所要听的历史内容 · 引导跑者做跑前的热身运动	· 设计要讲述的历史内容、讲述的方式 · 根据用户的步频调整语速，以引导用户跑步节奏 · 根据历史的脉络，播报跑步数据 · 根据跑者行为调整历史讲述的内容和音量	· 播放跑步成绩 · 引导跑者进行拉伸活动 · 预告下次的历史内容
设计环境/情境	· 自动识别跑者的跑步环境，如操场、马路、公园等，并根据环境配背景音 · 在跑道、路边指示牌设置一些智能装置，以跟跑者进行互动		
设计评价	商业视角、体验视角、品质感视角		

图 4.31　在中国历史虚拟场景下跑步 App 的体验设计框架

六、产品架构设计

产品架构设计

产品架构设计是把产品定义中的各种抽象功能转化为具体的零部件，并确定零部件之间的布局结构关系。

产品的零部件既可以是实体的零部件，也可以是虚拟界面当中的按钮或标签栏。

1. 产品功能单元和实体单元

为了便于理解，这里以汽车的功能架构设计为例来解释产品架构设计。

随着设计的推进，设计师会确定产品要具备的功能。比如，一辆汽车要具备驱动功能、承载功能和乘坐功能。这些是可以被独立提取出来的，同时对于产品的整体性能有贡献，我们称之为产品功能单元。

如图 4.32 所示，与产品功能单元相对应的是产品实体单元，即要完成上述这些功能所需用到的具体零部件。比如，汽车的驱动功能需要用到发动机、变速箱和油箱等一些零部件；汽车的承载功能需要用到底盘悬架系统等零部件；汽车的乘坐功能需要用到座椅、车窗等零部件。

图 4.32 产品功能单元与产品实体单元示意图

一个产品功能单元可以对应多个产品实体单元。也就是说,一个功能可以通过组合多个零部件来实现。这种组合方案的设计是设计师进行思维发散的过程。

2. 设计产品架构的布局

当抽象的功能转化为具体的零部件之后,设计师还要对零部件的布局进行架构的设计。比如,思考发动机是前置还是后置或者是横置还是纵置,内部的座椅是 2 排 5 座、3 排 7 座,还是现在比较受欢迎的 3 排 6 座。产品架构设计如图 4.33 所示。

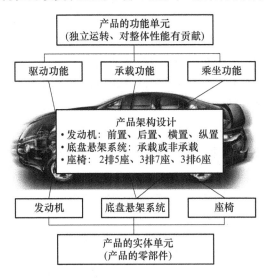

图 4.33 产品架构设计

为了更好地理解产品架构设计,我们来看一下京东 App 的首页面(图 4.34)。在京东 App 的首页面中,搜索功能和推广功能是两个重要的功能。在图 4.34 中可以看到搜索功能中有多种搜索方式(零部件),推广功能中也有多个推广渠道(零部件)。这些都是设计师根据不同用户在不同应用场景下的功能需求而设计的不同的产品零部件组合和零部件的布局。产品架构设计在 App 交互设计这个领域中对应的词是"信息架构设计"。

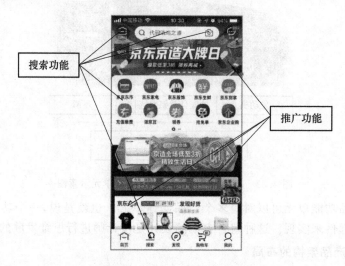

图 4.34　京东 App 的首页面

　　产品架构设计是有多种可能性的。这里依然需要设计师动用发散思维进行富有创造力的想象。

　　产品架构设计是设计落地的最关键环节。除了产品的功能外,产品的美学、产品的交互设计、产品的体验等多个层面都需要进行相应的架构设计。只是它们所对应的零部件形态是完全不一样的。比如,产品的美学对应的零部件是形体、色彩、材质和比例关系等;产品的体验对应的零部件可能包含人的服务这种抽象的形态。

3. 基础架构和特色架构

　　结合 Kano(卡诺)模型,可以将产品架构分为基础架构和特色架构。基础架构对应着卡诺模型的必备属性;特色架构则对应的是期望属性和魅力属性。基础架构与特色架构如图 4.35 所示。

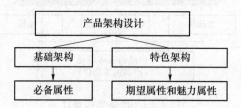

图 4.35　基础架构与特色架构示意图

设计师在设计产品的基础架构的时候一定要把它设计完整,也就是说竞争对手有的我们也要有,并且我们的产品性能也不能比竞争对手的差。在基础架构方面不建议设计师进行过多的创新。这里要以稳为主,因为这时创新的性价比不高。即便你做了很用心的设计,用户的满意度也不会有大幅的提升。

特色架构是设计的重点,产品架构一定要有特色。对于特色要强调两点:一是特色不能太多,有 1~2 个特色就够了,这里需要设计师仔细斟酌在当前的产品阶段需要塑造怎样的特色;二是设计师要把想到的特色分布到整个产品生命周期中,这样在产品每一次的迭代中都会有自己的特色。

七、品质感设计

完成了产品架构设计后,设计师还要对产品进行品质感设计,即从美的视角提升产品品质感,让产品除了具有实效性功能之外,还富有品质感。此处重点介绍美感品质感设计。

产品的美学品质感是产品体验的一个关键因素。产品美学品质感的塑造是需要一定的底层美学素养训练的,尤其是脱胎于包豪斯的"三大构成"的训练。这里讲述的是如何理解和评价产品的美学品质感,学习这些内容对于美学素养的提升和产品美学品质感的定位是有帮助的,但要想提高塑造产品美学品质感的能力还需要进行其他训练和积累经验。

1. 产品美学品质感的影响因素

影响产品美学品质感的因素主要有 5 个。

1)前任产品

产品美学品质感
的影响因素

产品都是不断迭代向前发展的,前任产品的美学特征对于后面产品的美学品质感塑造有着重要的影响。在汽车这个行业里面,有一个很有趣的事情:设计师经常会从之前的经典车型里寻找灵感,德国大众的设计师在 1998 年把 1938年面世的甲壳虫汽车又找出来了,将其重新设计了一下,新设计的汽车很像当年的甲壳虫汽车,但采用的设计语言却已经很现代了,新、旧两代甲壳虫汽车如图 4.36所示。

图 4.36　新、旧两代甲壳虫汽车

2）品牌理念

品牌理念对于产品美学品质感的影响非常大。图 4.37 所示为苹果的一系列产品，从中你可以看到非常一致的美学风格。尽管这些产品分属于不同的品类，但是它们的形态却都是由简单的几何形状（矩形＋圆形）组合而成的，并且它们都没有过多的装饰性元素，呈现出极致简洁的设计风格。这样的产品美学品质感与苹果的品牌理念定位（高科技感＋酷冷感）是相关联的。

图 4.37　苹果的一系列产品

3）技术和工艺

技术和工艺会对产品美学品质感产生影响，这是设计师的必修课，设计师必须了解产品技术的可实现性和工艺的限制。比如，如图 4.38 所示，苹果手机底部有两个螺丝。乔布斯认为这两个螺丝影响了产品的美观性，坚持要把它们去掉，并为此开除了几个结构工程师。之所以存在这两个螺丝，是因为苹果创新性地提出了手机不从后盖打开，而从前面屏幕打开。这是当时技术无法解决的难题，即便是乔布斯这样有能力的人也不得不接受工艺的限制。

图 4.38　苹果手机底部螺丝结构的设计

再看一下现在已为大家所熟知的滑动解锁屏幕的设计，如图 4.39 所示，当解锁的实体按键取消以后，如果还是通过点击虚拟按键解锁，那么人们从兜里拿出手机的时候是很容易误操作的。于是，设计师便根据触摸屏的技术特点设计了滑动的解锁方式。

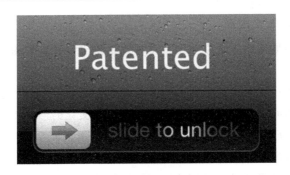

图 4.39　滑动解锁屏幕的设计

4）竞品

竞品对于产品美学品质感的影响也是非常大的,尤其是头部的竞品。最典型的例子就是,苹果手机自诞生之初就定义了智能手机的形态就是"1 个矩形＋4 个圆角",后来的竞争者都只能跟随这一趋势设计,如图 4.40 所示。

图 4.40　智能手机的形态

5）美学趋势

美学趋势也会对产品美学品质感产生影响,它有着很明显的时代特征和文化特征。

近些年随着我国国力的增强,我们的民族自豪感和文化自信心越来越强。"国潮"风格在诸多的产品领域成为一种美学品质感的设计趋势。例如,红旗的 H9(图4.41)呈现出一种庄重、大气的东方设计美学,其与日本汽车所呈现的小巧且精致的设计美学是完全不一样的。美学趋势是与时代和文化大背景密切相关的。

图 4.41　红旗 H9

2. 设计美学的 3 个因素

从产品美学品质感的 5 个影响因素中可以抽象出设计美学的 3 个因素。

1) 象征美学

象征美学是指产品所传达出的用户的形象和价值观,这往往是用户选择产品的最底层的逻辑。同时象征美学也包含品牌以及品牌文化的形象和价值观。典型的例子是,当你看到一辆哈雷摩托车的时候,你就能想象出来骑手的形象,并且能下意识地联想到骑手追求激情、自由、冒险的价值观,如图 4.42 所示。通过产品联想到的用户的形象和价值观就是产品的象征美学所传递的信息。

图 4.42　哈雷摩托车与骑手的形象

2) 风格美学

风格美学是指产品所呈现出来的某种设计风格。风格塑造的底层逻辑是要表达出自己独特的风格,形成差异化的设计。宝马和奔驰是高端车系中的直接竞争对手,但两者的设计风格很不一样,宝马的外观硬朗,车身线条看上去很平直,而奔驰外观具有运动感。两者在用不一样的风格美学抢夺用户,如图 4.43 所示。

(a)宝马　　　　　　　　　　　　　　　(b)奔驰

图 4.43　宝马与奔驰的不同设计风格

3) 功能美学

功能美学要表达出产品的功能是什么以及功能有多好。

功能美学最典型的例子就是枪械。图 4.44 所示为我国的 QTS-11 战略步枪,即使别人不教你,你在看到这支枪时,也能大概知道两只手应该抓握哪里,肩膀应该抵在哪里,眼睛应该瞄向哪里。这就是产品的功能美学清晰地告诉你该如何使用产品的例子。

图 4.44　QTS-11 战略步枪

相对于功能美学和风格美学的表层属性,象征美学具有更深的底层属性。功能美学和风格美学往往也隐含某些象征性的含义,比如,宝马双肾造型的进气格栅既承载着发动机进气的功能,同时也是宝马这一品牌的独特象征要素。

象征美学并不一定要经由功能美学和风格美学才能表达,品牌的标志、品牌的价值认知都在直接表达产品的象征美学。

设计师对于风格美学、象征美学和功能美学的设计并不是同等发力的,需要根据设计的定位有所侧重、有所突出,以形成产品之间的差异。

3. 设计美学分析框架

产品美学的 5 个影响因素催生出设计美学的 3 个因素,而这 3 个因素又有各自的子因素,最终这些子因素被设计师落实到产品中,构成了用户可感知的因素。这便是产品的设计美学分析框架(图 4.45)。设计师既可以拿它来分析其他产品的美学设计,提升自身的美学素养,也可以拿它来设计产品美学。

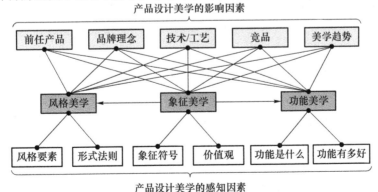

图 4.45　设计美学分析框架

八、产品设计美学分析案例

图 4.46 所示为全新一代路虎揽胜的行政版,在图中可以清晰地看到该车的设计美学。你可以尝试分析功能美学、风格美学和象征美学在这张图片中都有怎样的表现。

图 4.46　路虎官网首页

功能美学:短的前悬以及向后上方翘起的离去角的后悬设计都在暗示该车的良好通过性;车厢的 ABCD 柱都采用了隐藏式的设计,形成了更为整体的驾乘空间,暗示了驾乘空间的宽大与豪华。

风格美学:正如路虎官网首页中所介绍的那样,全新一代路虎揽胜的行政版是极简且优雅的设计美学。你如果对汽车设计不是很熟悉,可能会难以理解图 4.46 中的文字。但你如果将其跟其他车进行对比,就会容易理解这种设计美学了。对于像吉普和悍马这一类硬汉型的设计风格,人们可以直接在车身上看到肌肉感,但这款路虎揽胜的行政版的车身却丝毫没有肌肉感。设计师将肌肉隆起的体块感全部抹平,形成了极简、扁平化的设计语言,但车身整体的大尺寸感却依然能够让人感受到它的强悍。

象征美学:这种有大气场但又不张扬的设计语言能够很好地体现出用户"低调有内涵"价值观。车身侧面前门上的 U 形金属件是路虎揽胜的行政版独有的象征符号,其没有特殊的功能指向。该车将原来具有凹凸感的 3 条竖线直接抹平,形成更为扁平化的设计语言,同时也更加突出行政版的象征符号。

这里只是对路虎揽胜的行政版的侧面做了初步的设计美学分析,建议你寻找该车其他视角的图片,仔细分析其功能美学、风格美学和象征美学。

第四节　设计发散层:研究模块

一、先设计,再研究

研究模块(图 4.47)与早期的设计调研模块不同,其不是在原有的问题结构内开展调研的,而是针对新的设计方案所提出的问题结构开展研究的,具体包含设计假设、设计测试和设计评判 3 个部分。

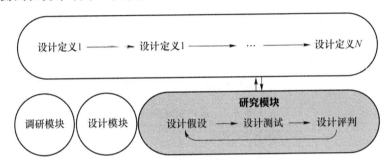

图 4.47　设计发散层:研究模块

二、设计假设

设计假设是设计师对于问题的定义以及问题的解决方案提出的各种猜想。至于猜想是否正确则需要通过设计测试或设计检验来进行验证。

1. 设计假设的底层逻辑

假设你正在陪一个 5 岁的孩子玩,一开始你们玩得很开心,但突然间不知什么原因孩子开始哇哇大哭,你会怎么办?

再假设你正在陪一个 5 个月大的婴儿玩,一开始小婴儿跟你手舞足蹈,你们玩得很开心,但突然间不知什么原因婴儿开始哇哇大哭,你会怎么办?

面对第一种假设估计你会蹲下来,仔细询问孩子刚刚发生了什么事情,为什么哇哇大哭。面对第二种假设,你没办法和还不会说话的婴儿沟通。有经验的父母通常会做两件事:一是看看尿不湿,确认是不是宝宝尿了导致他哭了;二是尝试给宝宝喂奶,确认是不是宝宝饿了导致他哭了。

上述两种情况反映了两种不同的解决问题的思路。前者从问题发生的源头寻找答案,通过收集和分析资料,推演出问题的解决方案,这是我们常用到的推论法;后者则从结论反推问题,先构想出一些可能的结论,然后再对这些结论进行验证,找到最终的解决方案,这是本节所要讲授的假设法。

因为设计问题的结构不良,所以设计师不知道该搜集哪些信息,也就无法使用推论法解决问题。这时设计师就可以借助于设计方案提出一些可能的设计假设,通过后续的设计测试和设计检验来解决问题。这是设计假设的底层逻辑。

2. 设计假设矩阵

方案设计实际上是在探索新的可能性,提出的每一种可能都是一个设计假设。设计问题的结构包含 3 个层面:场景、用户和产品。设计假设便是在这 3 个层面的结构内开展的。设计假设具体可以分为两种假设。

① 客观描述性假设:为了描述清楚设计师所面对问题的结构,设计师会尝试提出各种假设,最终这些假设能否得以验证是由问题的客观属性决定的。

② 主观方向性假设:为了探索未来设计方向的可能性,设计师会尝试提出假设,这些假设往往是设计师主观创造出来的。

将 3 个层面与两种假设相结合,构建出设计假设矩阵,如表 4.1 所示。

表 4.1　设计假设矩阵

3 个层面	客观描述性假设	主观方向性假设
场景	场景的 3 个要素的客观情况是怎样的假设? 场景的 3 个要素的特征是怎样的假设?	创造多种新场景 创造多种新场景的特征
用户	各种细分用是怎样的假设? 各种细分用户的特征是怎样的假设?	创造新的细分用户 创造新细分用户的特征
产品	产品功能体系是怎样的假设? 产品品质感是怎样的假设?	创造新的产品功能体系 创造新的产品品质感

3. 大胆假设

设计师针对设计问题结构不良的属性,大胆地提出多种新的可能性(问题结构的可能性＋设计方向的可能性)假设,这时需要设计师运用思维发散技巧。这一过程对设计师的创造力的要求很高,大胆提出新的假设是设计师的一个核心专业素养。

三、设计测试

在大胆地提出了各种假设之后,设计师需要进行设计测试,在这个过程中注重测试流程的科学性和严谨性,做到小心谨慎。

设计测试是对前期各种假设进行验证的过程。设计师会将各种设计假设制作成设计原型,然后借助于设计原型进行测试,以判断哪种假设更为合理。

设计师要尽早开展设计测试,这样可以帮助自己更早地理解用户,确认设计假设是否正确以及设计原型是否恰当,进而对原有的假设进行修正和优化,以尽早完成设计假设与设计测试的迭代。

设计测试也有助于化解团队内部的矛盾。不要仅仅只用语言讨论设计问题,大胆地提出设计假设、制作相关的设计原型、将设计原型投入设计测试中,可以快速帮助团队确认设计问题的结构和设计方向。

1. 设计测试的步骤

1)确定设计测试的目的

设计师在测试前一定要明确测试的目的,即明确测试要验证哪些假设,这些假设提出的目的是什么。

2)规划设计测试的实施路径

设计测试的环境是实验室的环境,还是用户真实使用的场景,设计测试是采用无打扰地观察用户的方法还是采用对用户进行主动的结构化访谈的方法,实验的实施顺序是怎样的等问题都需要设计师在实验之前规划好。

3)制作实验中要用到的设计原型

在设计测试时,设计师一般需要先把设计假设呈现出来,然后再找用户进行测试。设计假设呈现的途径就是设计原型。设计原型有多种形态(详见第三章第七节)。

4)明确捕捉用户反馈的要点

在设计测试的过程当中,设计师有多种方式获取用户的反馈,用户的反馈可以分为两类。

① 客观反馈。用户在完成测试任务时的准确率、错误率、反应时间等都是可以用客观数据描述的,这些属于用户的客观反馈。

② 主观反馈。用户对于行为的解释,用户对于满意度、喜好度的主观描述,用户的表情等都是用户的主观反馈。

记录各种反馈时需要提前制作相关的记录表格,以方便实验过程当中快速准确地记录。

5)实施测试

实施测试时一般会有3种角色。

① 主持人。主持人是实验过程的引导者,但不能对被试的实验过程施加影响。

② 观察员。观察员主要记录被试在实验中的各种反馈,一般不出现在实验的环境中,以避免对被试产生影响。

③ 互动者。有些实验是需要其他人员与被试进行互动的,互动者就是承担这种任务的角色。比如,在酒店前台的服务人员与客户结算的场景中,被试是无法自己独立完成相关活动的,这时候就需要互动者扮演酒店前台的服务人员。

6)分析测试结果

设计师根据测试的结果,分析是否达到了测试的目的,即确认测试结果是否能够支持之前的假设,测试结果是否能够对于未来的设计方向给出意见。这些需要设计师给出明确的结论,尤其是要对接下来的设计假设要给出进一步的意见。

2. 可用性测试

可用性测试是从人机功效学的视角对产品的可用性进行研究的一种方法。其针对具体任务的执行情况,分析任务的成功、误解、错误和意见,最终形成关于产品功能、显示器和控制器的问题清单。设计

可用性测试

师可以利用可用性测试分析现有产品的问题,也可以用它分析新设计方案的可行性。

可用性测试是开发过程中进行的,是帮助设计的工具。可用性测试是要进行多轮测试的,不是一次性的测试。每一次测试主要测试 5 个左右的任务,分为 5 个步骤。

1)定义用户

清晰地定义现有产品或者新的设计方案所针对的用户,明确这些用户可以细分为几类,每一类用户都有怎样的需求,以及这些用户与产品互动的能力是什么样的,这些描述对于后面筛选用户至关重要。

2)创建测试任务

设计师先把产品很重要的几个功能写下来,一般不超过 5 个,不然有可能导致测试所需的时间过长和测试任务过重;然后对于每一个功能从用户的视角设定 1~3 项任务,并用两三句话描述每一项任务;最后根据任务之间的逻辑关系对任务进行排序,注意排在前面的任务不要太难。

3)招募被试

根据前面细分用户的定义,为每一类细分用户招募 5~6 名被试。告诉被试并不是对他们进行测试,而是请他们来评估产品,让他们谈谈对产品的看法。除了任务清单上的介绍以外,不要给被试透露其他内容。告诉被试不需要做特殊的准备,直接来参加测试即可,并告知被试大概的测试时间;

4)实施测试

测试前要写一份测试提纲,包括开场介绍、测试的任务导引、测试中主要的观察点、对任务体验的评价等。这样做主要是为了保证测试的一致性。

测试的环境要尽量还原产品使用的场景,根据任务情况架设多个摄像机,以保证能够完整地拍到被试的行为和表情。如果任务是需要使用计算机进行操作的,则要进行录屏。

测试前要告诉被试怎样做都行,无所谓对错,即便完不成任务也不是他们的错,这对于被试坦然呈现自己真实使用产品的状态很重要。

测试过程中要求被试大声说出他们的想法,这是非常重要的一点。让被试说出自己在做什么以及自己为什么这样做,并且让被试在有疑问时清晰地表达出来。最好在测试前安排一个小练习,以帮助被试大声说出自己的想法。

测试完成后,要对相关设备清零,以保证下一次测试的一致性。

5) 分析测试

设计师根据测试任务的成功、误解、错误和期望对测试中的问题进行分类。如果测试的过程中有超预期的、有趣的行为发生,可以将其作为一个单独的类别。

描述每一类问题发生时被试的行为、问题发生的位置以及被试当时的体验,并尝试对每一类问题发生的原因提出假设。

设计师从显示器和控制器的角度,分析每一类问题在产品原型中的表现,并尝试提出改进设计方案的假设。

3. 设计方向测试

设计方向测试主要用于测试用户对不同设计方向的认同感、满意度,以探查未来的设计方向。为此,设计师需要提前设计出代表不同设计方向的设计原型。

设计方向测试

1) 定义用户

根据相关的用户研究,确认用户是谁,以及他们的喜好和可能认同的设计方向。

2) 提出设计方向

提出多个不同的设计方向,其中既要包括设计师通过用户研究找到的用户可能认同的设计方向,也要包括设计师结合设计趋势提出的富有创新性的设计方向。设计方向的数量建议在 7 个左右,最多不要超过 10 个。

3) 招募被试

根据前面的用户定义,招募至少 30 名被试。告诉被试并不是对他们进行测试,而是请他们来评估产品,让他们谈谈对产品的看法。除了任务清单上的介绍以外,不要给被试透露其他内容。告诉被试不需要做特殊的准备,直接来参加测试即可,并告知被试大概的测试时间。

4) 实施测试

这里采用对偶比较法来实施测试。对偶比较法是先把所有要比较的设计方向两两配对,然后将其一对一对地同时呈现给被试[19],并让被试依据设计方向的某些特性进行比较,同时判断出哪个设计方向在特征上表现得更为突出。

这时可以制作调查问卷,并将其发布到网上,以获取更大的样本量,在后面的访谈过程中随机抽取部分用户即可。

5) 进行访谈

测试完成后可以要求被试说说自己喜欢的和不喜欢的设计方向并解释原因。被试如果对某些设计方向印象深刻或者觉得某些设计方向有趣也可以提出并解释原因。

6) 分析设计方向

设计师根据设计测试数据,结合自身的专业能力,对测试结果进行分析,以确定未来的设计方向或者提出新的设计方向的假设。这里会不可避免地掺杂设计师的主观想法,但这也是基于设计师专业能力所给出的判断,没必要刻意回避主观成分。

四、设计评判

让设计师评判设计测试的结果。因为主观方向性假设的创新性太强，所以在设计测试中它们未必能够得到较高的评价，设计师要谨慎地听从自己的设计内心，通过在场意义的反思，确认设计方案是否具有足够的说服力。

五、设计研究的案例

图 4.48 所示为两款电子单词卡，是人们利用碎片化的时间背单词的工具。产品使用了电子墨水屏，在降低成本的同时也具有保护眼睛的作用。

现在请结合图片当中所呈现的使用场景，思考这两款产品有怎样的创新机会。

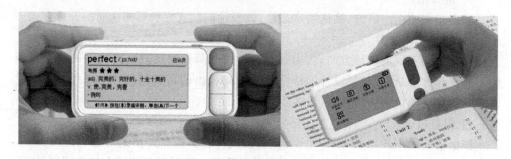

图 4.48　两款电子单词卡

图 4.48 中的两张图分别呈现了单手使用产品和双手使用产品的场景。即便没有使用过这类产品，从图中也能够感觉到双手持握的时候，手指的操作是比较容易的，而单手持握的时候，手指的操作是比较困难的。而在碎片化的场景下，单手持握的手指操作应该是高频次的。

这个课题是作者在课堂上用于训练学生的一个课题。学生很快就发现了单手操作不便的痛点，并且提出了可以"左右手互换＋单手操作"的设计定位。围绕这样的定位学生开展了一系列的设计研究：

- 产品是横置还是纵置更有利于单手持握和手指操作？
- 产品的宽度尺寸在怎样的范围内是有利于单手持握的？
- 具体什么因素在限制产品的宽度？
- 手指操作的按键放在产品的什么位置是最有利于单手持握和手指操控的？
- ……

上述这些研究内容与所提出的"左右手互换＋单手操作"的设计定位是紧密相连的。也就是说，设计方案决定了后续的研究内容，且这些研究往往比前期的调研更有价值。因为在不断地进行研究与迭代设计方案之后，学生最终发现了一个重要的研究内容:屏幕所呈现的背单词的形式对最终的产品形态有重要的影响。学生认为在碎片化的场景下背单词时,每个单词页面所呈现的文字不应该太小,也不应该太多。因为在碎片化的场景(比如通勤场景)下,人是不会长时间稳定地盯着屏幕的,文字大一些、少一些与这样的场景更加契合。不结合设计方案,仅仅依靠前期的设计调研是很难得到上述发现的。

图 4.49 所示为学生制作的一系列设计原型,以探索最适合单手持握和手指操作的尺寸。从中我们能够看到学生是在按照思维模式 2"进行有规律的尝试"来制作原型和进行测试的。图 4.49 右上角的设计原型对于最终方案的启发意义较大。

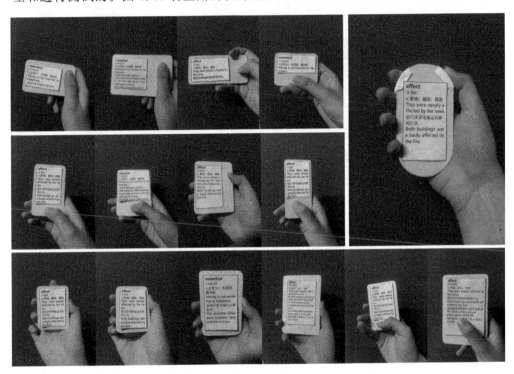

图 4.49　针对单手持握和手指操控的设计研究

最终学生提出的设计方案如图 4.50 所示,用户可以使用拇指和食指进行单手操控,且可以将左右手互换。这并不是最终的完美设计,但相较于原有的产品还是有了明显的设计创新。

这个案例并不复杂,但对于理解调研、设计和研究 3 个模块之间的关系是很有帮助的。在学习设计的初期,大多数人都会把精力放在前期的设计调研上,并依据调研结果推进后续的设计。但真正有价值的事是结合设计方案进行设计研究,不断地提出设计假设,制作产品设计原型,再通过设计测试验证设计假设,这些才是设计师在底层的设计发散层所要完成的核心工作。

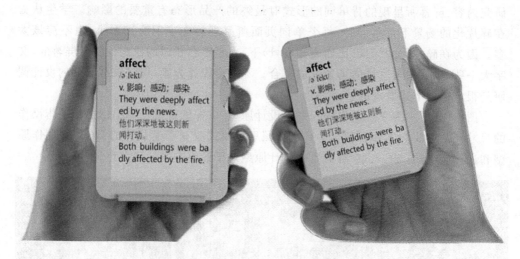

图 4.50   电子单词卡的新设计方案

第五节   设计定义层

一、设计定义的点与线

在大部分的设计流程中,明确设计定义是一个关键节点。在该节点前要提出设计定义,在该节点后要围绕设计定义进行设计。这也导致了大部分人认为设计定义一旦定下来就不能动了。

但现实是随着设计方案的推进,设计师对于问题的理解会发生变化,创新性的设计方案会重构问题的结构,甚至在出现了最终方案后,设计师才能确认问题的结构以及设计方向。所以明确设计定义不是一个节点,而是贯穿于设计流程的一条线(图 4.51)。设计定义随时都有可能被修正、被重新定义。

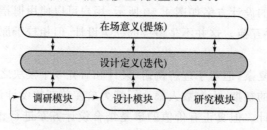

图 4.51   设计执行框架之设计定义

设计定义既可能来自底层的设计方案,也可能来自顶层的在场意义。设计定义是一直在动态成长的。

二、设计三要素

设计师的设计思考主要围绕 3 个要素展开:场景、用户、产品。

场景是基础也是核心,其为用户和产品的出场搭建了舞台。用户和产品的特征都会受到场景的影响,不能脱离于场景而单独地谈用户和产品的特征。

1. 场景

场景是指用户应用产品的场景,是具体的场景,而非通用化的场景。

场景＝环境＋情境＋时间。

环境是在物理的层面对场景的描述,包括环境的物理空间的尺寸、环境的温度和湿度、环境的光线条件以及环境特征等。

情境是在心理层面对场景的描述。环境会烘托出一定的场景氛围,这种氛围会在人的心理层面进行投影,让人形成一定的情感认知。所以情景也可以理解为从情感的视角描述场景,比如压抑的情境、开阔的情境、气氛热烈的情境、舒缓放松的情境等。

时间是应用场景发生的具体时间或者从发生周期的视角对时间的描述。同时,要描述清楚此时此刻对于人和事来说具有怎样的意义指向,比如某个纪念日、某件事的截止时间等。

打破现有应用场景的限制、尝试创造新的应用场景、洞察到场景的新特征是设计师分析场景的主要动机。

2. 用户

1) 用户＝细分用户＋利益相关者

(1) 细分用户

很少有产品只包含一种用户。要想把用户描述清楚,需要对用户进行细分,并且细分用户之间要具有一定的排他性。

即便是看起来很像的用户,他们在目标和需求上也是有些许差异的,基于这些差异便可以将用户细分为几种不同的用户。用户的细分也不是无限度的细分,设计师需根据当前的产品发展阶段以及商业目标综合考量用户细分颗粒度的大小。这里很难给出明确的标准,也没有必要给出明确的标准,因为设计师可以通过假设和测试对细分用户不断地进行迭代,最终找到合适的用户细分颗粒度。

(2) 利益相关者

利益相关者不是直接用户,但对用户的体验有一定的影响。比如,给孩子买玩具的家长并不是玩具的使用者,但是他们却是玩具购买与否的决定者,设计师也要考虑他们对于玩具的各种需求和意见。

2) 用户形象＝特征＋权重

具体从特征和权重 2 个视角对每一种用户进行描述。

（1）特征

细分用户的特征包含 3 种情况。第一种特征是用户的自然特征，其与当前的场景无关，往往是性别、年龄、身高、体重等特征。第二种特征是与当前的场景紧密相关的，是在这个场景之下用户所表现出来的特征。比如，学生用户最主要的自然特征是年轻、有活力，但是在数学课程的学习场景之下，学生就会呈现冷静和理性的特征。第三种特征是通过比较而呈现出的用户特征。在学习的场景下，通过比较可以将学生分为学渣和学霸两类学生。设计师可以根据具体的设计任务选取合适的特征描述细分用户。

细分用户的特征背后隐含着细分用户出现在这个应用场景下的目的、需求、痛点、期待（详见第四章第二节和第二章第二节）。

（2）权重

得到了不同的细分用户及其特征后，设计师要根据当前设计任务的需求对细分用户进行权重分配，从而确定设计主要针对的细分用户以及这些用户的主要特征。

用户的细分不能仅仅基于现有场景，在新的应用场景被创造出来后，设计师也是有机会创造出新的细分用户的。索尼的 walkman 所创造出来的移动听音乐的细分用户、苹果手机所创造出来的智能手机的细分用户、任天堂 switch 游戏机所创造出来的"游戏＋健身"的细分用户，都是在之前的应用场景中不存在的。

3. 产品

产品是让设计师的概念得以落地的媒介。

1）产品功能体系

产品得以存活的关键要素是产品具备某些能够满足用户需求的功能。那么这些功能是由哪些子功能构成的？这些功能的权重和使用频率是怎样的？不同功能之间的层级关系是怎样的？……这些问题是需要设计师成体系化地分析和描述清楚的。

2）产品品质感

产品的品质感塑造就是产品的美感塑造，美感是设计师创造产品价值的设计切入点。

品质感＝静态品质感＋动态品质感。

① 静态美学品质感。最为熟知的静态品质感就是产品的外观美感，早期的工业设计师还被称为造型设计师。设计师主要在产品的外观上塑造品质感。除了外观视觉美感以外，触觉美感、听觉美感、嗅觉美感等也需要进行设计。因为外观造型的美感设计主要依附于实际的物体上，故其一旦塑造完成便很难再改变。

② 动态交互品质感。随着软件、App 等依附于实体平台之上的软件产品的快速发展，人与产品之间的互动行为变得越来越复杂，便出现了基于用户行为的人机交互设计。此时用户对于产品品质的感知基于人与产品交流互动过程当中的行为，这便体现出了动态的美感设计，其称为动态品质感设计。

三、设计定义

1. 设计定义的矩阵

设计定义包含了用户定义、场景定义和产品定义。

用户定义和场景定义参见第二章第二节。产品定义是站在产品的视角来描述用户场景细分过程中所发现的用户需求和期待的。其包含功能定义、品质感定义和参数定义。

（1）功能定义

功能定义是通过将用户的需求和期望转换为一系列的产品功能来描述的。产品的功能具体可以描述为产品为了帮助用户达成某种目的而执行的一系列行为。产品的功能是作为一个系统存在的，每个功能下面可能还包含一些子功能，不同功能之间相互支撑或制约。

（2）品质感定义

品质感从情感化的视角定义产品带给用户的美且好的体验感受，是设计师超脱产品功能价值而创造出的情感化价值，主要包含了产品的静态美学品质感和动态交互品质感，比如极简风格的设计美学和流畅、高效的行为交互等。品质感定义在很多时候很难用语言描述清楚，设计师可以借用一些图片来定义所要描述的品质感。

（3）参数定义

参数是指产品性能和技术的参数，虽然这些主要由开发人员和技术人员定义，但某些参数对于用户的体验有非常大的影响，对于这样的参数设计师可以从用户的视角给出相应的定义。比如，笔记本计算机的轻薄感对于用户的体验有很大的影响，设计师为了突出笔记本计算机的轻薄特征，可以将笔记本计算机的重量定义为同类竞品中最轻的。如何达到最轻的重量是需要设计师与工程师共同研究的问题。

最终，设计定义矩阵如表 4.2 所示。在设计过程中，设计师可将构想出的所有的产品功能、品质感和参数都可以填到这个矩阵中。这也是对设计思维的一个整理过程。

表 4.2　设计定义矩阵

设计定义	产品定义		
	功能定义	品质感定义	参数定义
用户定义	功能 A 功能 B 功能 C …	静态美学品质感 1 动态交互品质感 1 …	产品要比苹果的 iPad Air 薄 …
场景定义	功能 D 功能 E 功能 F …	静态美学品质感 2 动态交互品质感 2 …	电池容量达到 5 000 mA …

2. 设计定义的权重

当设计定义矩阵中有足够多的创新机会点（功能、品质感、参数）时，设计师要对这些机会点进行权重定义，以进一步地明确下一步的设计重心。

权重的定义是与当前的设计需求紧密相关的。如果设计需求是为了打败竞争对手，那么能够体现产品不同于竞争对手产品的创新机会点的权重更大；如果设计需求是为了提高产品的性价比，那么成本低但用户体验高大上的创新机会点的权重更大；如果设计需求是为了塑造新的品牌形象，那么能够支撑新品牌形象的创新机会点的权重更大；如果设计需求是为了增加销量，那么针对潜在用户的创新机会点的权重更大。

3. Kano（卡诺）模型权重分析

除了基于设计需求来确定权重之外，设计师可以使用 Kano 模型来辅助自己确定创新机会点的权重。

Kano 模型（图 4.52）是东京理工大学教授狩野纪昭（Noriaki Kano）发明的对用户需求分类和优先排序的工具，以分析用户需求对用户满意度的影响为基础，体现了产品性能和用户满意度之间的非线性关系[20]。这里我们使用简版的 Kano 模型来帮助设计师定性分析各种创新机会点的权重。

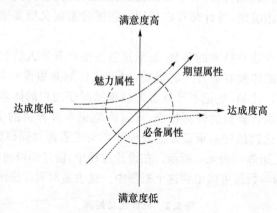

图 4.52　Kano 模型

Kano 模型有 2 个评价维度：一个是产品的达成度；另一个是用户的满意度。产品的达成度是指产品的各项性能指标达到预先设定标准的程度；用户满意度是指用户对产品的评价。在这样两个评价维度的框架下，Kano 模型区分了 3 种产品的属性：必备属性、期望属性和魅力属性。

必备属性是指产品必须具备的某种属性。如果产品没有这样的属性或者该属性不完善，用户的满意度会急剧下降。但是，即便你对必备属性做了非常好的设计，使得产品的达成度很高，用户也不会因此而在满意度上有很大的提高。比如，现在手机上的指纹识别是一个必备属性的功能，没有这个功能，用户会非常的不满意，但是即便你把指纹识别的速度提高了很多,用户并不会因此而在满意度上有大幅提升。

期望属性是指那种你做得越好,用户的满意度就会越高的属性。比如,手机相机的成像质量较高,人们的满意度会上升;反之,人们的满意度会下降。

魅力属性是指超出用户期待的属性。也就是说,用户原本并不知道有这样的创新设计,当知道有这样好的创新设计以后,会感到惊喜。即便这样的创新设计不是很完善,用户的满意度也不会随之降低。比如,虽然手机的美颜功能在最开始出现的时候不如现在的美颜功能那么好,但是有总比没有强,用户对拥有这个功能的手机的满意度相对较高。

不过随着其他手机的进步,不同的手机品牌都有美颜功能了,这时候美颜功能的魅力属性就会转化为期望属性了,此时,美颜功能对用户满意度的影响不再都是正面的,也会有负面的。再往下发展美颜功能将会变成手机的一个必备属性。也就是说,这 3 种产品属性是可以转化的,Kano 模型不是固定不变的。

这里使用 Kano 模型只做了定性分析,Kano 模型也可以用于做定量分析。具体大家可以在互联网上自行搜索学习。

第六节 意义提炼层

一、在场意义的定义

首先,在场意义是针对设计创新的追问,即确认是"设计创新",而不是"技术创新"带给产品新的价值和意义的。

在场意义

其次,在场意义是确认上述价值和意义是否有足够的竞争力去支撑产品在竞争中胜出。要想做出这样的判断,设计师要对于产品的竞争环境和未来的发展趋势有清晰的理解。这也是为什么之前一直强调设计师不能满足于问题的解决,而应该把问题解决得足够好、产品具有足够的竞争力作为设计的核心目标。

最后,在场意义是针对从 0 到 1 的突破性创新而言,从 1 到 N 的渐进式创新是对原有在场意义的延续或者微调。

二、认知差

在场意义的目的是触达用户的心智,改变用户对原有事物的认知,形成对于事物认知的新旧之分,即让用户形成认知差,否则难以触动用户的心智。

在场意义期待的认知差有 3 种类型。

新的视角:从新的视角认知原有事物。比如,原本手机是通信的工具,但随着

iPhone 的问世,手机演变成连接移动互联网的工具,新的认知视角也产生了。

深度视角:对原有视角进行深度挖掘。比如,在互联网经济当中很多人都知道流量是很重要的,但未必意识到流量对于大部分互联网产品是最重要的。甚至很多产品的功能是围绕着如何创造流量而设计的。比如,现在很多购物 App 都有按年度付费的会员模式,用户在成为会员后可以不限次数地退换货(免除退换货的路费),实际算下来用户支付的会员费是远远覆盖不了退换货的路费的,商家是吃亏的,但这确实实打实地增加了下单的流量。

新的逻辑:改变原有事物的因果逻辑关系。比如,原本朋友圈的点赞行为确实是因为内容很好,而现在人们很多时候是出于礼貌而点赞。行为的逻辑因果关系发生了转变。

三、在场意义的提炼

提炼在场意义时建议从 4 个层面进行思考,如图 4.53 所示。

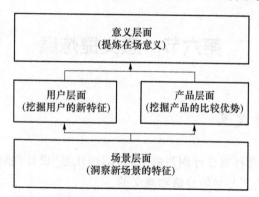

图 4.53　在场意义的提炼框架

1. 场景层面:洞察新场景的特征

在场意义的第一个层面是"场景",其是所有设计思考的起点和基础!

产品的存在意义和价值是要依存于某一个场景的,若脱离于场景,产品的存在意义和价值是无从谈起的。比如,在工作的场景下效率是核心价值,但在家庭场景下,效率往往是最无意义的,人们在家庭中就是要懒散、放松。放松是家庭和谐的根基。

场景是设计创新的基础设施,创新时要先想到场景,而不是先想到用户!尽管用户也很重要,但对于脱离场景的用户你是无法理解的,也是看不清楚的。

Google Glass(谷歌眼镜)曾经被认为是 Google 最失败的产品之一,最初谷歌希望它能取代 iPhone,甚至在发短信、阅读新闻等方面超越 iPhone。但最后它却被陈列在瑞典的失败博物馆,与苹果 Newton 等不被市场认可的产品一同展出[21]。

然而,2017 年企业对谷歌眼镜又突然表现出了极大的兴趣,将谷歌眼镜应用到质量的检测、零部件的装配和新员工的培训等场景中。于是 2017 年的 7 月,谷歌重新发布了谷歌眼镜,并将其定位从一款消费级的产品改成企业的工具,如图 4.54 所示。这是一个非常典型的同一产品在不同场景下从失败到成功的案例。现在,谷歌为企业用户开发了专门企业版的谷歌眼镜,推动了谷歌眼镜新的生态系统发展。

图 4.54　Google Glass 应用场景的转换

对于场景的思考,人们往往会在潜意识中忽略,因为这是一个偏宏观的思考视角,而人的生理基础决定了人更乐于关注眼前的细节而容易忽略宏观背景。同时,场景的变化是相对缓慢的,只有被现实打了一巴掌,人们才会意识到原来所依存的场景已经不存在了,其发生了新的变化。

面对场景,设计师的思考视角是是否有新的应用场景出现,场景是否表现出了新的特征。

这需要设计师借助于 SET 因素趋势分析法随时关注可能影响场景变化的各种因素。

2. 产品层面:挖掘产品的比较优势

场景提供了一个舞台,那么谁在这个舞台上表演呢？那就是产品和用户。

产品层面是设计师的核心工作层,设计师所有的设计理念和设计构想都要落实到具体的产品中才能够得以体现。这里的产品不仅包括实体产品,也包括软件产品、服务和体验这些更广义层面上的产品。设计师要从产品的功能、美学和人机工程等多方面开展具体的设计,最终打造出产品的核心竞争力。

对于产品设计师思考的视角是产品是否有了新的比较优势。

产品的优势是在与其他产品的比较中或者在与场景的适配中体现出来的,设计师不能单纯陶醉在自认为的"好产品"中,产品优势需要在市场中证明。产品不能在市场竞争中体现优势,要么是产品自身有问题,要么是产品的理念太过于超前,与其适配的场景还没出现。

3. 用户层面:挖掘用户的新特征

对于用户,设计师不能空谈用户的痛点和需求,要在场景下分析用户的需求和痛点。

面对用户设计师思考的视角是用户在场景中表现出怎样的新特征(需求),产品能够带给用户哪些利益。

用户的需求和痛点往往是停留在现象层的,设计师要挖掘出这些现象背后所隐含的用户的新特征。从特征的视角来分析用户更容易发现具有突破性的创新机会点。比如,近几年在我国经常跑步的人越来越多,很多人都能够轻松完成一场马拉松比赛。从需求角度来看,针对这个现象无非就是设计一些与跑步相关的 App、跑步的各种运动装备等。但是,从用户特征角度来看,我们可以发现"年轻时拼命工作(三十而立)"的生活理念已经开始转变,人们认为运动也是一个人的成就,甚至是一个人精神特质的表达,人们不再是挣钱的机器。重视工作与健康平衡的人越来越多,人们的生活更加积极、更加健康。

细心体会一下这 2 种看待用户的视角,用户特征是对用户需求的抽象和概括,有利于设计师深刻洞察用户。设计师不能仅仅停留在用户告诉你"他的需求和痛点",而要找到这些需求和痛点所反映的用户的新的特征。

4. 意义层面:提炼在场意义

不得不承认的是,在场意义的提炼是有"黑箱"的。没有什么方法可以保证你能用简练、高效的词语描述在场意义,这个过程是有创造性的成分在里面的,对文字表达能力也是有一定要求的。

不过设计师也不必过于强求在场意义描述的简洁性和高效性,能够给出令人信服的答案就可以了,哪怕所用的语言较为啰唆。

建议设计师多从价值和价值观的角度对在场意义进行提炼,思考场景、产品和用户都分别拥有怎样的价值和价值观。

四、案例:iPhone 的在场意义

2007 年苹果发布了 iPhone,这里借助于在场意义来分析一下苹果为什么能够打败如日中天的诺基亚,以及 iPhone 得以存在的真正意义是什么。

1. 场景层面

先从场景层面思考 iPhone 是否带来了新的应用场景。

也许你会觉得 iPhone 只打败了功能机,但实际上它还打败了 PC! 为什么这样说呢? 就像乔布斯在发布会上所说的:"iPhone 是融合了 iPod、Phone 和 Internet 的、具有突破性的网络通信设备",其中最关键的是 Internet,iPhone 的 i 就来自

Internet。iPhone 真正开启了移动互联网的时代,在此之前的 PC 时代只能算是互联网的时代,这是一个新的应用场景、一个新的时代。

2. 产品层面

再从产品层面思考新的应用场景会催生出产品怎样的比较优势。

你还记得 iPhone 给你留下的最初印象吗?当时 iPhone 的哪点打动了你?

回想当初 iPhone 让作者眼前一亮的是滑屏解锁的那一滑和把手机横过来以后屏幕自动翻转的那一翻。这两个动作看起来非常神奇、智能,它跟之前的功能机是完全不一样的使用体验。虽然今天我们知道那只不过是触屏和重力加速度的小把戏,但当时留给人的感受是"这手机太智能了!"。所以如今手机也被称为智能机。

手机能够接入互联网,才真正地将互联网带入了人们生活的方方面面,互联网的影响被移动互联网发挥到了极致。虽说之前的功能机也是可以接入互联网的,但是功能机却把手机正面大概一半的面积留给了键盘这样的输入设备。而人们接入互联网后最主要的需求是浏览互联网上的各种信息,而不是向互联网输入大量的信息。这从底层决定了智能手机取消键盘,把手机的正面主要用于显示信息符合移动互联网场景的应用需求。

此外,苹果的 iOS 系统所推崇的封闭但人性化的设计理念是前面那些高科技能够充分展现的保障。这使得 iPhone 在移动互联网的场景下具有难以匹敌的产品优势。

上述这些产品层面的创新让 iPhone 相对于功能机具有非常大的突破,也让 iPhone 在多个层面都具有比较优势,支撑起了 iPhone 的高价格和高价值。

3. 用户层面

在用户的心理认知层面,早期的 iPhone 是高科技类产品的代表,同时乔布斯很注重设计,创造出了高科技类产品的极简新时尚,让其具有很明显的"时尚＋科技"的高端潮品属性。这样的认知让用户下意识地遵从。

此外,在移动互联网的时代,用户层面上的一种明显的变化是,用户的一切几乎都被移动互联网"碎片化"了。这种碎片化导致人们需要在不同的场景之间快速地切换,人们对于手机 App 的流畅度提出了更高的要求。

这样的用户特征也促进了产品的扁平化设计——让信息的流动更为快速和直接,加之 iOS 系统封闭且人性化的设计,使得苹果的用户获得了高品质的产品和高品质的服务。这便是 iPhone 的用户从这样的产品优势当中所获得的利益和价值!

4. 意义层面

仔细回看前面场景、用户和产品 3 个层面的分析,思考哪个层面蕴含了更多的价值和意义。

总体来看,iPhone 所创造的移动互联网的应用场景,让其在产品和用户层面都出现了新的特征。创造出新的应用场景是 iPhone 得以存在的根本,所以第一代 iPhone 的在场意义可以描述为"信息时代的入口和先行者",其背后隐含的价值观是

"敢为天下先的创新精神"。这与乔布斯为苹果公司所确定的企业理念("Think different")也是一致的。

iPhone 的价值主张在用户视角的表述是"**购买 iPhone 就是在追求极致的创新!同时你值得拥有极致的创新!**"

正是有了这样的价值主张,iPhone 的在场意义才有很大的竞争力,它才能打败如日中天的诺基亚,开启了移动互联网的智能机时代。

五、在场意义的层级

1. 三层级模型

在场意义可以分为 3 个层级,如图 4.55 所示。

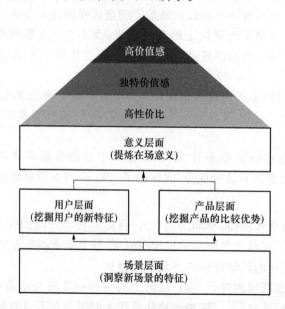

图 4.55 在场意义的层级

(1)(对比)高性价比

从高性价比视角去创造价值和意义是一种非常有效的设计策略。设计师要让用户能够清晰地感知到或者计算出产品的高性价比。性价比是通过与其他产品的比较来确定的。

小米手机用各种参数碾压其他竞品,同时又提出整体硬件业务的综合净利润率永远不超过 5%,让用户明确地知道产品的性价比。2023 年,雪铁龙的 C6 降价 9 万以进行促销,大幅提高了性价比,用户对这款车的价值感知从老气横秋变成了稳重大气。这是提高性价比改变用户价值认知的典型案例。

认同高性价比价值观的用户是较为理性的用户,同时也是对价格敏感的用户。他们会仔细思考甚至计算高性价比。

（2）（认同）独特价值感

性价比的提高是有极限的，而且往往会带来"杀敌1000自损800"的问题。

从独特价值感的视角去创造产品的价值会是一种更有利润空间的设计策略。其会带给用户独特的意义体验，也更能体现设计创新的价值。

戴森吹风机采用了独特的数字电机和空气多重放大技术，为了体现这种技术的独特性，戴森采用了富有科技感的简洁、小巧的造型，在外观上又融入了鲜艳时尚的色彩。戴森吹风机的造型与传统吹风机的造型完全不一样，这让吹风机不再是一个工具，而是一个时尚爆品。进而戴森在其独特的技术基础之上，塑造了戴森吹风机独特的价值体验。

不一样的价值和意义能凸显产品的特征和用户的独特品位，用户会结合自己的分析识别这些独特的价值，进而认同这些价值。

（3）（遵从）高价值感

高价值感是指产品拥有绝对的高价值，比如最高端、最豪华、技术最先进、最美等所代表的高价值。它们能够带给用户深刻的价值体验和高价值感，用户对于这种高价值感往往会不假思索地遵从。

奔驰车的豪华与气派对于做生意的人拥有高价值感。特斯拉的 Model S 从科技产品的视角重新定义了高端电动汽车这种新品类，它对于乐于尝鲜的科技达人拥有高价值感。vivo 和 OPPO 最早发力于手机相机的自拍美颜功能，其对于爱美的年轻女生拥有毋庸置疑的高价值感。

高端产品都在某些方面拥有让用户无条件地遵从的高价值感。

2. 贝恩金字塔四层级模型

贝恩公司以马斯洛的需求理论为基础，提出了 30 种价值要素的金字塔模型。并将这个金字塔分为 4 个价值层级：职能/功能属性价值、情感属性价值、改变生活属性价值和社会影响属性价值。

1）职能/功能属性价值

职能/功能属性价值是指产品所具备的实际功能，即产品对顾客有什么用，比如可以省时省力、可以赚钱。

2）情感属性价值

情感属性价值是从心理层面思考产品蕴含的价值，比如产品能否减少用户的焦虑，是否令用户感到满足或愉快。

3）改变生活属性价值

改变生活属性价值是从生活改变层面思考产品带给用户的价值和意义，比如给用户带来希望、自我实现感、归属感等。

4）社会影响属性价值

贝恩对这一层级的价值属性只给了"自我超越"这样一个描述。作者理解它是指超越利己价值的获取，从对社会产生积极影响的视角创造利他的价值。比如，当你购买一瓶农夫山泉的矿泉水时,该公司就会拿出1分钱用于公益事业。

对于具体的30种价值要素,读者可通过扫码进行拓展阅读。

在场意义层级的划分是可以有多种方式的,这里具体讲了三层级模型和贝恩金字塔四层级模型。还可以按照马斯洛的需求理论将其划分为成长性意义和缺失性意义两层级,或者参照实效价值、享乐价值和社交价值三因素模型将其划分为实效价值、享乐价值和社交价值3个层级。不论按照怎样的思路构建在场意义的层级,这种结构化的思考方式都是有利于提炼出在场意义的。

30种价值要素

第七节　创新的终极公式

总体来看,创新＝(发散＋评价)×迭代。

1. 发散

- 发散出大量的想法:提出100个想法仅是思维发散的最低要求。
- 进行有规律的发散:用排列组合、各种模板、想象力解构和建构帮助发散,结合"规律"探索所有可能性。
- 进行不同层级的发散:意义提炼层、设计定义层、设计发散层都会用到发散思维。

2. 评价

- 在思维发散过程中找到评价的标准。
- 评价包括调研评价、方案评价、研究评价等。
- 评价标准的选择过程体现了设计师洞察力,是设计师专业能力的体现。
- 可结合各种模型进行结构化评价。

3. 迭代

- 发散与评价一定要分阶段进行,不能边发散边评价。
- 发散与评价是设计迭代的基础。
- 迭代让创新从混沌逐渐走向清晰。

本章参考文献

[1]　阻挡外界干扰的空间设计[EB/OL]. [2023-01-05]. https://www.steelcase. com/asia-zh/research/articles/topics/workplace/designing-for-distraction.

[2]　卡根,佛格尔. 创造突破性产品——揭示驱动全球创新的秘密[M]. 李向阳,

王晰,潘龙,译. 北京:机械工业出版社,2018.

[3] 星巴克要联合饿了么做外卖,高端设定会"崩坏"？[EB/OL]. (2018-08-02)[2023-01-05]. https://baijiahao. baidu. com/s? id = 1607678256054833667& wfr=spider&for=pc.

[4] 瑞幸咖啡为什么并不幸运？[EB/OL]. (2018-12-19)[2023-01-05]. https://baijiahao. baidu. com/s? id=1620283235904609575&wfr=spider&for=pc.

[5] 星巴克应对竞争格局的转变分析[EB/OL]. (2019-07-26)[2023-01-05]. https://xueqiu. com/1907932070/130231489? from=singlemessage.

[6] 葛列众,等. 工程心理学[M]. 上海:华东师范大学出版社,2017.

[7] 仇德辉. 数理情感学[M]. 长沙:湖南人民出版社,2001.

[8] Hassenzahl M. The interplay of beauty, goodness, and usability in interactive products [J]. Human-Computer Interaction, 2004, 19 (4): 319-349.

[9] Jetter H C, Gerken J. A Simplified model of user experience for practical application [C]//In: the 2nd COST294-MAUSE International Open Workshop "User Experience-Towards a Unified View", NordiCHI 2006, Oslo. 2007:106-111.

[10] Forlizzi J, Ford S. The building blocks of experience: an early framework for interaction designers [C]//Proceedings of the 3rd Conference on Designing Interactive Systems: Processes, Practices, Methods, and Techniques . New York: ACM,2000:419-423.

[11] Roto V. User experience building blocks[C]// Proceedings of the The 2nd COST294-MAUSE International Open Workshop. 2006.

[12] Karapanos E, Zimmerman J, Forlizzi J, et al. User experience over time: an initial framework[C]// Proceedings of the 27th Annual SIGCHI Conference on Human Factors in Computing Systems-CHI '09. New York: ACM,2009:729-738.

[13] Hassenzahl M, Diefenbach S, Göritz A. Needs, affect, and interactive products-Facets of user experience[J]. Interacting with Computers,2010,22 (5):353-362.

[14] Park J,Han S H,Kim H K,et al. Modeling user experience:A case study on a mobile device [J]. International Journal of Industrial Ergonomics,2013, 43:187-196.

[15] 马斯洛. 动机与人格[M]. 许金声,等译. 3 版. 北京:中国人民大学出版社,2012.

[16] 诺曼. 情感化设计[M]. 付秋芳,程进三,译. 北京:电子工业出版社,2005.

[17] 韦伯. 极致用户体验:从产品寻找用户到为用户设计体验[M]. 丁书平,译.

北京:中信出版社,2018.

[18]　派恩,吉尔摩. 体验经济[M]. 毕崇毅,译. 北京:机械工业出版社,2021.

[19]　朱滢,耿海燕. 实验心理学[M]. 5 版. 北京:北京大学出版社,2022.

[20]　KANO 模型[EB/OL]. [2023-01-05]. https://baike. baidu. com/item/ KANO％20％E6％A8％A1％E5％9E％8B/19907824.

[21]　被列入失败博物馆的 Google Glass 回来了,不过只做企业市场[EB/OL]. (2017-07-20)[2023-01-05]. https://baike. baidu. com/tashuo/browse/ content? id＝dfbc67e968375d1aaff83c0e.

后　记

本书的写作过程是一次设计创新的探索过程。

作者初期基于自己所写的《场景体验设计思维》一书从实践应用的视角，自上而下地构建了一个写作的思路。但随着写作的深入和教学实践的丰富，作者对设计创新的教学思路又有了新的理解，所以补充了一些自下而上的想法。

首先，作者对本书的定位做了调整，将本书的定位从案例化的实践应用转换为对设计思维的培养，其目的是让设计师打造出能触动用户心智的产品。设计思维模式的教学与知识和技能的传授是完全不一样的。对于知识和技能，只要老师讲解清楚了，学生也就记住了。学生若再勤于练习，那么都能掌握这些知识和技能。而设计思维模式的转换不是靠讲清楚了和听明白了就能够实现的，其中涉及很多潜意识层面的东西，这就需要有能够触动学生心智的教学环节和内容。所以本书在设计意识和设计思维模式的章节中都引入了设计案例、设计游戏或者设计思考，让学生先主动地体验和思考，再引导学生建立正确的设计意识和思维模式。

其次，作者对线性的设计流程进行了简化和分层。通常的设计流程往往包括5个或者7个线性的步骤。尽管其中也包含了迭代的思想，但线性的步骤会让人在潜意识中专注于步骤的执行过程和痴迷于设计的细节，而忽略了设计师的主动思考和整体性思考。本书将设计流程简化为3个步骤：调研、设计和研究。调研是对已有的外部世界的调研。而后设计师将进入主动设计的过程。研究则是在主动设计的基础之上寻找需要研究的内容。这样的流程让设计师摆脱被动地依靠用户调研进行设计，而让设计师主动地进行设计和研究，让设计师真正主导设计的全流程。

再次,本书将设计的定义和设计价值与意义的思考提炼到设计流程之上的两层,这样的3层架构设计时时提醒设计师从方案细节设计的场景跳出来,让设计师从整体上思考设计创新的意义和价值。

最后,作者主要是基于自己多年来对设计教学的思考来写作本书的,其中对设计意识和思维模式的总结多出于教学过程中的感悟,而没有追求似科学研究般的逻辑论证,所以书中难免有些过于主观的阐述和判断,希望读者只是把它当作一家之言,喜则听之,勿喜忘之。